21世纪普通高等教育基础课规划教材

U0186045

大学物理实验教程——物理演示实验

主　编　黄耀清　赵宏伟　李月锋
副主编　张　欣　王向欣　葛坚坚　郝成红
参　编　李　琳　王　云　包文轩　刘　琦　张　楚

机械工业出版社

实验一直是推动物理学前进的重要力量，物理演示实验可直观地展示有趣的物理现象。借助演示实验讲授物理课，这是绝大多数高校基础物理教学的传统。

全书共76个实验项目，包括力学、热学、电磁学、光学等多方面内容，是我校展厅演示的主要部分。本书对每个实验的原理、装置、操作方法等做了详细的介绍。

本书对从事基础物理教学的教师、技术人员和正在学习物理的学生而言，都具有很好的价值，对中学生学习物理也有一定的帮助。

图书在版编目（CIP）数据

大学物理实验教程. 物理演示实验 / 黄耀清，赵宏伟，李月锋主编 . —北京：机械工业出版社，2020.2（2022.8 重印）

21 世纪普通高等教育基础课系列教材

ISBN 978-7-111-64592-4

Ⅰ . ①大⋯ Ⅱ . ①黄⋯ ②赵⋯ ③李⋯ Ⅲ . ①物理学 – 实验 – 高等学校 – 教材 Ⅳ . ① O4-33

中国版本图书馆 CIP 数据核字（2020）第 013413 号

机械工业出版社（北京市百万庄大街 22 号 邮政编码 100037）

策划编辑：张金奎 责任编辑：张金奎 张 超
责任校对：张 力 封面设计：张 静
责任印制：常天培

北京宝隆世纪印刷有限公司印刷

2022 年 8 月第 1 版第 4 次印刷

184mm×260mm · 9 印张 · 224 千字

标准书号：ISBN 978-7-111-64592-4

定价：39.80 元

电话服务 网络服务

客服电话：010-88361066 机 工 官 网：www.cmpbook.com
010-88379833 机 工 官 博：weibo.com/cmp1952
010-68326294 金 书 网：www.golden-book.com
封底无防伪标均为盗版 机工教育服务网：www.cmpedu.com

前　言

物理学是一门实验科学，这决定了物理教学，特别是基础物理教学的特点。绝大部分物理学理论都是从现象中来的，运用数学知识进行理论分析建模，从而探究物理规律，因此也可以说现象是物理学的根源。通过观察现象来学习物理是一条有效的学习途径。实验现象的演示能够让学生形成清晰的物理图像并激发他们的学习兴趣。而从兴趣出发，勤于思考和研究，是学生学好物理学的先决条件。一个精彩的演示实验，肯定会给学生留下深刻的印象，激励他们进行深入探究。

全书共76个实验项目，包括力学、热学、电磁学、光学等多方面内容，书中对每个实验的原理、装置、操作方法等做了详细的介绍，对于从事基础物理教学的教师、技术人员和正在学习物理的学生而言，本书都具有很好的价值，当然本书对中学生学习物理也有一定的帮助。

本书的编写与我校物理实验中心的建设和发展紧密相连，是实验教师和实验技术人员长期以来辛勤耕耘、努力工作、不断改革创新的结果，是集体智慧的结晶。本书在编写过程中得到了校内外许多同仁的关心和帮助，特别是得到了北京九州之光教育科技中心王云经理的大力帮助，同时借鉴了兄弟院校教学改革的经验并参考了有关的优秀教材，在此一并致以衷心感谢。

限于编者水平，书中难免有不妥之处，肯请读者批评指正。

编　者

2019 年 10 月于上海应用技术大学

目　录

实验一　饮水鸟

实验原理

　　"饮水鸟"由一根玻璃管（鸟身）将两个球型容器（头部和尾部）相连而成。小鸟模型的长嘴是由吸水材料制成的，这种材料中有很细的管道或毛细管，浸润的液体（水）会沿毛细管上升（称为毛细现象）。鸟的身体内密封有沸点很低且极易挥发的液体（如乙醚）。

　　鸟的嘴部吸入水后，由于表面水分的蒸发，使得头部的温度下降，头部玻璃泡内的饱和气压减小，而鸟尾部玻璃泡内的气压不变，因此管内（鸟的身体内）的液体（乙醚）柱上升。当整体的重心到达支点的前上方时，小鸟的身体失去平衡，绕支撑轴转动，形成低头饮水的现象。当玻璃管接近水平状态时，尾部玻璃管口与其中的气室相通，管内的乙醚将回流到尾部容器中，乙醚蒸气沿管上升，于是管中的液体就会倒流入尾泡内，使小鸟又抬起头来。在"饮水"过程中，通过鸟嘴与水面接触，有一些水补充到头部。如此不停地往复，形成周期性的运动，直到头部蘸不到水，不能蒸发水分为止。通过观察小鸟模型的周期性运动，理解蒸发制冷和能量守恒。

操作步骤

　　如图 1-1 所示，水杯中盛满水，把饮水鸟的头部按入水中，片刻后释放，小鸟的头抬起。

图 1-1　饮水鸟

实验现象

　　小鸟缓缓进入低头过程，振荡几下以后，低头到把嘴插入小杯的水中，然后抬起头来。可是直立一会儿它又会俯下身去，等到鸟嘴浸到了水，"喝"了一口，又会直立起来。就这样，它不停地点头喝水，就像是一台永动机——"饮水鸟"头部不断蒸发水分并散发所吸收的周围空气的热量，就是这奇妙的"饮水鸟"能够活动的原动力。

注意事项

玻璃制品很薄，需轻拿轻放。

思考题

"饮水鸟"是第二类永动机吗？如果"饮水鸟"处在一个封闭的空间内，水汽达到饱和，它还能不停地运动吗？为什么？

实验二　音叉

实验原理

敲击音叉振动，声振动在空气中形成声波。因两个音叉频率相同，该音叉在停止振动以前，通过空气振动，迫使另一同频率音叉产生共振，如图 2-1 所示。

假设两个简谐振动的振动方向相同而频率不同，但两个分振动的频率都较大且其差值很小，满足 $(v_2 - v_1) \ll (v_2 + v_1)$，则其合振动可看作振幅随时间缓慢变化的近似谐振动。这种振幅随时间变化且具有周期性，表现出振动或强或弱的现象，称为拍。敲击音叉振动后，声振动在空气中形成声波，两列声波叠加，声强（与振幅的平方成正比）会出现或强或弱的现象。

图 2-1　音叉

当波源与观测者相对介质运动时，出现接收到的频率和波源的振动频率不同的现象称为多普勒效应。如果是观测者相对于介质运动，单位时间内通过观测者的波列数发生变化，向波源运动，波列数增加，频率升高，反之则减少。如果是波源相对介质向观察者运动，波形被挤压，频率升高，反之波形被拉伸，频率降低。如果波源和观察者相对介质同时运动，则上述两种情况都会出现。

　　将两个共鸣箱的箱口相对放置（两者相距一定距离），用橡胶锤敲击任一音叉使其振动，几秒后，用手握住这个音叉使之停止振动，可听到另一音叉的共鸣声。

　　在一音叉的一臂套上金属扣，它的振动频率有一微小改变，将两音叉平行放置，箱口对着观众，同时敲击两音叉，可听到明显的或强或弱的"嗡……嗡……"声，这就是拍现象。

　　右手持一发声音叉于身体右边，然后以很大的速度移动音叉至胸前，当音叉途经右耳时，听到声音频率增高，这就是多普勒效应。

注意事项

　　用橡胶锤敲击音叉时不要用力过猛，演示拍时适当调整金属扣的上下位置，可产生最佳效果。

实验三　平衡鸟

实验原理

　　平衡鸟之所以会平衡，主要是杠杆原理的应用。嘴前端即是它的支点，翅膀到嘴的距离为力臂，当力臂等长，且左右两边等重时（重量分布在两翼，重心也要低于支承点），则在任何地方都能平衡。

实验现象

　　无论把鸟放在哪里（可以放置的地方或者是手指上），如图 3-1 所示，它都能平衡稳定而不掉落。

图 3-1　平衡鸟

实验四　马德堡半球

实验原理

大气压的存在。

实验现象

图 4-1　实验现象

如图 4-1 所示,把两橡胶片同心合拢,然后稍用力按压连接柱,此时仪器因为内外压力差而紧紧地粘在一起,致使在一定的拉力内不能使仪器分开。如果用指甲稍微拨一下仪器的合拢处,仪器就很容易分开了。

实验五　气溶胶

气溶胶是由固体或液体小质点分散并悬浮在气体介质中形成的胶体分散体系,又称气体分散体系,其分散相为固体或液体小质点,大小为 0.001~100μm,分散介质为气体。天空中的云、雾、尘埃,工业上和运输业上用的锅炉及各种发动机里未燃尽的燃料所形成的烟,采矿、采石场磨材和粮食加工时所形成的固体粉尘,人造的掩蔽烟幕和毒烟等都是气溶胶的具体实例。气溶胶的消除,主要靠大气的降水和小粒子间的碰并、凝聚、聚合和沉降过程。霾是大量极细微的干尘粒等均匀地浮游在空中,使水平能见度小于 10km 的空气普遍混浊现象,这里的干尘粒指的是干气溶胶粒子。一般情况下,当能见度在 1~10km 时可能既有干气溶胶的影响(即霾的影响），也可能有水滴的贡献（即轻雾的贡献），且不易区分，所以就被称为"雾-霾"现象。由于在实际的大气中没有气溶胶粒子作为云雾的凝结核（或冰核），无法形成雾，所以雾和霾的背后都与气溶胶粒子有关。

气溶胶在工业、农业、国防和其他方面都已得到广泛的应用，比如加快燃烧速率和充分利用燃料。喷雾干燥可提高产品质量，已广泛用于医药工业与洗衣粉的生产。农业上，农药的喷洒可提高药效、降低药品的消耗；利用气溶胶进行人工降雨，可大大改善旱情。国防上，可用来制造信号弹和遮蔽烟幕。

实验内容

（一）喷嘴制造喷雾

1.压力式雾化喷嘴

压力式雾化喷嘴主要通过对液体介质进行加压，使喷嘴中的液体具有一定的能量，当液体以较高的速度离开喷嘴并进入低速或静止的外界环境时，会在喷嘴出口的附近发生雾化行为。压力式雾化喷嘴通常可分为直喷式和旋流式两种，不同形式的喷嘴由于内部结构的不同，其雾化的过程也存在着较大的差异。

直喷式喷嘴的结构简单且可靠性高，被广泛地应用于航空航天发动机、机动车内燃机等方面。直喷式喷嘴主要通过增大喷嘴内液体的压力以提高喷嘴出口速度，从而增强空气阻力与液体表面张力、黏性力之间的相互作用，实现液体由液滴、平滑流、波状流向喷雾射流快速过渡的雾化行为。直喷式喷嘴只有在喷嘴出口孔径比较小且出口喷射速度足够大时，才能获得较好的雾化效果。因此，相对于其他形式的喷嘴，其雾化质量并不具有较强的优越性。

旋流式喷嘴主要通过液体旋转所产生的惯性力克服液体自身表面张力以促使雾化行为的发生，其结构相对复杂但工作要求低、能耗小，被广泛地应用于工业中的雾化燃烧、蒸发、干燥、加湿、冷却等方面。旋流式喷嘴的雾化过程通常包含多个阶段，当喷射压力较小时，其过程可分为液膜的形成、液膜破碎成液泡、液泡在内外压差的作用下进一步破碎成更小的液滴；当喷射压力较大时，液体的惯性力和出口速度较大，液体的表面张力难以阻止液体发生变形，液膜会迅速破碎成长条状的液丝，然后在惯性力和空气摩擦力的作用下，进一步破碎分裂成细小的液滴。喷射压力越大，液膜破碎成液丝甚至液滴的时间越短，也即旋流式喷嘴的雾化行为越迅速。

2.旋转式雾化喷嘴

旋转式雾化喷嘴主要利用喷嘴内部高速旋转的旋转体将液体由中心向四周离心甩出，通过离心力和空气动力以及液体自身的表面张力和黏性力等的综合作用实现液体的雾化。旋转式雾化喷嘴的雾化现象与液体流量和旋转体速度有较大的关联，当流量和转速较小时，离心力起着主导的作用，雾化主要以直接分裂的形式产生粒径较大的液滴；当流量和转速增大时，液体将在离心力和表面张力的共同作用下形成液丝射流现象，但是这种长条状的液丝极不稳定，在旋转体边缘一定距离处会发生丝状分裂，生成小液滴；当流量和转速较大时，长条状的液丝将合并成液膜并沿着径向方向逐渐变薄，在离心力与周围空气摩擦力的共同作用下发生膜状分裂，薄液膜破碎成大量粒径较小的液滴，完成液体雾化行为。

3. 气液双流体雾化喷嘴

空气辅助式雾化喷嘴按照结构的不同可分为内混式和外混式，根据空气和液体是否在喷嘴内部进行混合加以区分；而按照雾化工质的不同可分为气固式和气液式。空气辅助式雾化喷嘴因具有雾化质量高、适用能力强、工作能耗低、雾化均匀性好等优点而被广泛地应用于航空航天、工业、医疗、农业等领域，并获得了大量的关注。空气辅助式雾化喷嘴主要以气液式为主，借助于同轴或垂直方向上高速甚至超声速的气流，初步形成的液柱或液膜能被轻易且迅速地冲击破碎成小液滴，以这种方式完成雾化行为的喷嘴统称为气液双流体雾化喷嘴。

气液双流体雾化喷嘴与前述的压力式雾化喷嘴在雾化过程上并无本质的区别，但气液双流体雾化喷嘴利用压缩空气与液体在喷嘴内部的混合，充分进行气液之间的动量交换，能有效发挥气流高速运动下的强扰动特性，加剧液膜的撕裂和液滴的破碎。另外，当液体离开喷嘴进入外界环境后，环境施加给液体的外力（冲击力、摩擦力）是克服液体自身内力（表面张力、黏性力）以实现液滴进一步破碎的主要动力，而气液双流体雾化喷嘴能更好地利用自身压缩空气的动力，增强雾滴与环境空气之间的相互作用，不断地加强雾化过程，大幅地提高雾化质量，实现高效率、高质量的雾化行为。

（二）超声雾化

超声雾化器利用电子高频震荡（振荡频率为 1.7MHz 或 2.4MHz，超过人的听觉范围，该电子振荡对人体及动物无伤害），通过陶瓷雾化片的高频谐振，将液态水分子结构打散而产生自然飘逸的水雾，不需加热或添加任何化学试剂。与加热雾化方式相比，能源节省了 90%。另外在雾化过程中将释放大量的负离子，其与空气中的烟雾、粉尘等产生静电式反应，使其沉淀，同时还能有效去除甲醛、一氧化碳、细菌等有害物质，使空气得到净化，减少疾病的发生。

实验现象

调节频率旋钮，增大振荡频率，一直到有白色的雾状出现。超声雾化仪整体图和超声雾化现象分别如图 5-1 和图 5-2 所示。

图 5-1　超声雾化仪整体图　　　　　　图 5-2　超声雾化现象

现有的超声雾化原理有着两种观点，分别是微激波理论和表面张力波理论。微激波理论认为，空化效应是雾化产生的直接原因，空化的空泡崩溃时，一部分能量以微激波形式辐射，当微激波达到一定强度时引起雾化。而表面张力波理论认为，雾滴产生的原因是液体表面波的不稳定，具体地说，是一定强度的超声波通过液体指向气液交界面，超声波在此交界面形成表面张力波，同时在与表面张力波相垂直的力的作用下，交界面会产生振动，当振动达到一定强度，雾化也就产生了，这种理论认为雾滴是在表面张力波的波峰处形成的，雾滴尺寸与波长成正比，根据表面张力波理论得出的雾滴粒径计算式为

$$D=0.38\left(\frac{8\pi\sigma}{\rho f^2}\right)^{\frac{1}{3}}$$

式中，D 为雾滴直径；σ 为液体表面张力系数；ρ 为液体密度；f 为超声波频率。由此公式可知，液体本身的一些性质，如表面张力、密度、黏度、蒸气压和温度等都会影响液体雾化产生的雾滴粒径大小。

　　喷泉雾化是一种常见的超声雾化形式，它是利用压电晶片作为换能器，产生兆赫级的超声波实现的雾化。通常喷泉雾化的形成机制是当超声换能器发射超声波频率为兆赫级时，则超声及其空化场的指向性就很好，使得与其接触的溶液将被喷起，形成"超声喷泉"。在超声喷泉产生的同时伴随产生大量气溶胶。其中"超声喷泉"可以看作是一种向上喷射的超声空化场，它拥有一种单方向的辐射力和对称的回旋声流，在这种空化场中，空化泡的分布非常不同。例如，水等液体空化时，由于声辐射压的作用，出于空化泡的密度因超声辐射力和聚束喷射的物理作用，使大量空化泡的集中热效应和机械效应在喷泉前端更为突出，声能密度也因超声自由喷射和聚束喷射而沿喷射方向大大提高。

　　在超声喷泉中，大量空化泡塌陷、爆裂时的高温声冲流和高压冲击波是超声喷泉形成的主要机制。而其他的机械搅动作用、热效应等也同时存在。应用该原理设计的超声波加湿器常被用作室内加湿装置，可以对计算机房、毛纺车间加湿除去设备静电，加入药物进行室内杀菌消毒，对面部进行美容，对盆景进行造型等。

实验六　超声波测距

实验原理

　　通过超声波发射装置发出超声波，根据接收器接到超声波的时间差就可以知道距离。超声波发射器向某一方向发射超声波，在发射的同时开始计时，超声波在空气中传播，途中碰到障碍物就立即返回来，超声波接收器收到反射波就立即停止计时。超声波在空气中的传播速度为340m/s，根据计时器记录的时间 t，就可以计算出发射点距障碍物的距离 s，即：$s=340t/2$。

如图 6-1 所示，将超声波测距仪发射端对准要测量的物体，静止几秒钟后，显示屏上显示出数据，即为物体距离超声波测试仪的距离（见图 6-2）。

图 6-1　超声波测试仪发射端对准被测物体　　　　　图 6-2　测试结果

实验七　角动量守恒演示

实验目的

观察物体的角动量守恒现象并能解释有关角动量守恒的实际现象，加深对转动惯量概念的理解。

实验装置

实验装置图如图 7-1 所示。

图 7-1　角动量守恒实验装置图

实验原理

刚体绕某定轴的转动惯量

$$I = \sum_i \Delta m_i \rho_i^2$$

式中，ρ_i 为质元 Δm_i 到转轴的距离。转动惯量反映刚体转动状态改变的难易程度，也就是其大小反映刚体转动惯性的大小。

如果刚体做定轴转动，则对定轴的角动量为

$$L = I\omega$$

当刚体所受外力对定轴的力矩矢量和等于零时，角动量不变，即角动量守恒。其数学表示式为

$$I\omega = 常量$$

如果物体对定轴的转动惯量 I 可变，且任意时刻物体所受外力对固定转轴的力矩矢量和等于零，则当 I 增大时，ω 减少；I 减小时，ω 增大。若有几个物体所组成的系统绕着一个公共的固定转轴转动，由于物体之间的相互作用力是系统的内力，全部内力作用的结果不会改变系统的总角动量，因而，若系统所受外力对公共转轴的力矩矢量和等于零，则系统的总角动量守恒，即

$$\sum_i I_i \omega_i = 常量$$

这样的结论可以在转椅上做定性演示，如图 7-2 所示。人体虽然不是刚体，但却是质点系，在运动中也遵守角动量守恒定律。双手握哑铃的人坐在旋转的转椅上，当他同时伸开双臂时，如图 7-2b 所示，I 增大，转速减小；当他收拢双臂时，如图 7-2c 所示，I 减小，转速增大。

实验内容

如图 7-2 所示，观察角动量守恒现象。

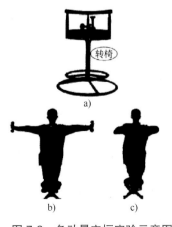

图 7-2　角动量守恒实验示意图

一位同学双手各握一个哑铃，坐在转椅上，另外一位同学转动转椅，使之获得一定的角动量，坐在转椅上的同学同时伸开双臂，观察角速度的变化。然后收拢双臂，观察角速度又如何改变。

坐在转椅上的同学伸展和收拢单只手臂，观察角速度的改变，其感受与之前会有不同。

如果双手不握哑铃，获得一定角动量的同学（坐在转椅上），伸展和收拢双臂，你会观察到角速度的改变不如握哑铃时明显，这是由于转动惯性的改变并不大。

思考题

1. 芭蕾舞演员表演时，如欲在原地飞快地旋转，需要收拢伸展的双臂，为什么？
2. 为提高跳远成绩，运动员落地前为什么应尽量使腿和臂同时向前伸展？
3. 高台跳水运动为了完成空翻两周或三周的动作，为什么要团身？
4. 将一个生鸡蛋和一个熟鸡蛋在桌上旋转，你能判断哪个是生鸡蛋，哪个是熟的吗？理由是什么？

实验八　车轮演示进动

实验原理

若一个物理矢量的变化率矢量垂直于该物理矢量且大小不变，则会只影响此物理矢量的方向而不影响其大小，即进动。例如，做匀速圆周运动的质点，其加速度或向心力与速度垂直，速度大小不变。

旋转的车轮的角动量，与其所受外力力矩垂直，所以角动量的方向将不断改变，绕轴进行旋转。

实验仪器

自行车轮的轴被延长，另一端可挂重物，轴的中部通过万向节支点装在支架上，轴可以三维全方位地转动。

实验方法

调节配重水平位置，使车轮静止时，转轴水平。转动车轮，转轴仍可水平。调节配重偏离平衡位置，车轮转动的同时，转轴将以支架为轴，顺时针或逆时针方向转动，此即进动现象。

思考题

骑自行车进入弯道时车身如何倾斜?

实验九　普氏摆

实验目的

演示由光衰减镜引起的视差而产生的立体感现象。

实验仪器

普氏摆如图 9-1 所示。

图 9-1　普氏摆

实验原理

1922 年，德国物理学家普尔弗里希（Pulfrich）发现了一个有趣的实验现象：在静止的地标系统（作为参照）上方做等幅单摆运动，当在左眼前遮挡光衰减片而右眼不遮时，单摆运动变成了明显的顺时针旋转的圆锥摆运动；当左眼不遮挡而在右眼前遮挡光衰减片时，则变成了逆时针旋转的圆锥摆运动；双眼同时遮挡光衰减片，看到的又是单摆运动，后人称之为普氏摆现象。

人之所以能够看到立体的景物，是因为双眼可以独立看景物，两眼有间距使左眼与右眼图像的差异造成视差。根据人眼的立体视觉机理可以推断出：普氏摆现象成因于双眼的时延视差。光衰减片的最终功效是延迟了被遮挡眼的成像时刻。换句话说，双眼看到的是同一时刻影像时，物体表现在实际位置；看到的不是同一时刻影像时，大脑中反映的物体就会偏离实际位置。

大量实验表明：只要遮光片将光强衰减一半以上，大多数人都能看得到同样的实验结果。由此判定：造成这一现象的原因主要是光强的差异。

迄今的研究结果基本集中为以下结论：人眼（准确说是视网膜）对不同光强（或对比度）的响应速度不同，对亮度大的反应快，对亮度小的反应慢。光强相差一半时，延迟 2~3ms。正是由于人眼的这一响应时间差异，形成了普氏摆的神奇现象。

实验步骤

1. 拉开摆球，使其在两排金属杆之间的一个平面内摆动。
2. 站在普氏摆正前方位置观察球摆动的轨迹。
3. 戴上光衰减镜再观察摆球的轨迹，发现摆球按椭圆轨迹转动。
4. 将光衰减镜反转 180° 观察，发现摆球改变了转动方向。

注意事项

1. 摆球的摆动平面尽量在两排金属杆的中间，避免与金属杆相碰。
2. 观察时双眼均要睁开。

实验十　伽尔顿板

实验目的

演示大量随机事件的统计规律和涨落现象，了解物理学中的统计与分布的概念。

实验仪器

投影式伽尔顿板如图 10-1 所示。

图 10-1　投影式伽尔顿板

实验原理

　　大量随机事件的整体所遵从的规律称为统计规律，本实验是对统计规律做的一个具体演示。

　　首先，从入口处使一个粒子落下来，它最终落入某一槽中。每次用一个粒子重复实验几次，可以看到单个粒子落在哪个槽中是偶然的、随机的、不可预见的。然后，抽动隔板，使全部粒子一起落下来，可以看到大量粒子在各个槽中的分布是对称的，近于正态分布，重复几次本实验，可发现每次实验所得到的粒子分布曲线基本相同，曲线之间略有差异。这表明大量随机事件的整体特征有一定的规律性，这就是统计规律，各次实验结果之间的偏差就是统计规律的涨落现象。

　　因此，实验结果表明，一个粒子落入哪个槽中是随机的，少量粒子的分布也有明显的随机性，但大量粒子落入槽中的分布则是基本确定的，即遵从一定的统计规律。正态分布规律是自然界最常见的统计规律，也是统计理论研究中最基本的分布规律。研究表明，多种独立的小影响因素的综合效果产生正态分布，多种非正态分布的综合效果（以各分布函数的卷积表示综合分布）随种类个数的增加以正态分布为极限。

　　本实验装置中在落球的通路上以密排方式布置了销钉点阵，共19层。每一个落球碰到销钉后被散射，受重力的作用而飞向下一层。在下一层上的分布大体如图10-2所示。一个落球从高到低落入最下部的槽中，在最下部的一系列槽中的分布将是19个如图10-2所示分布函数的卷积，因此它接近于一个正态分布。

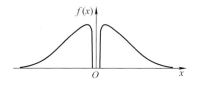

图 10-2　落球经一个销钉散射在下一层的密度分布图

实验内容

1. 准备工作：转动伽尔顿板，使漏斗朝下，拉开隔板使全部粒子进入漏斗内。将隔板插入漏斗与钉板之间的狭缝中，翻转伽尔顿板，使漏斗朝上。

2. 演示单个粒子随机性：轻轻抽动隔板，使一个粒子落下来，可以看到单个粒子落在哪个槽中是随机的、不可预见的。

3. 演示大量粒子的统计规律：抽动隔板，使全部粒子落下来，可以看到大量粒子在各槽中的分布大致是对称的正态分布，即在中间的槽中粒子数多，两侧的粒子数少。

注意事项

1. 不要翻动仪器的头部！
2. 正确翻转方法是一只手扶住底座，另一只手放在仪器侧部，使其缓慢转动。

实验十一　鱼洗

实验目的

演示一种铜盆中的驻波通过水的喷射而显示出来的物理现象。

实验仪器

实验装置图如图 11-1 所示。

图 11-1　鱼洗

实验原理

　　古代将脸盆称为"洗"，盆底装饰鱼纹的称"鱼洗"，盆底装饰龙纹的称"龙洗"。本实验中的鱼洗为青铜铸造，大小像日常所见的洗脸盆，盆底是扁平的，刻有四条鲤鱼，鱼嘴处的喷水装饰线从盆底沿盆壁辐射而上。盆沿左右各有一个提把，称为双耳。根据经书记载，倒入半盆水，双手用力往复摩擦盆的双耳，不用多久，盆会像受撞击一样振动起来，盆内水波激荡，水居然被分成四股水箭向上激射出两尺多高，并发出震卦爻时的古音，与黄钟之声一致。传说鱼洗曾于古代作为退兵之器，因振动发出轰鸣声，众多鱼洗汇成千军万马之势，传出数十里，令敌兵闻声却步。鱼洗说明我国古代科学制器技术已达到高超的水平。

　　实验中，用手来回摩擦鱼洗盆口外廓上的铜环耳，鱼洗会发出清亮的嗡嗡声，盛在洗内的水就涌起美丽的水花。摩擦加快，洗壁发出的声音更响，洗内便水浪翻腾，盆底壁的四条鲤鱼跃跃跳动，鱼嘴处喷出缕缕水柱，且越升越高，形成可高达半米的水花。鱼洗游鱼喷水并不是鲤鱼通灵，而是四条鲤鱼的鱼嘴（即喷水沟）铸刻的位置符合物理学原理，正处在鱼洗基频振动波腹位置上，鱼洗受摩擦后发生激烈的共振，振动的能量使水花翻滚，向上喷发，加上鱼洗是圆柱形壳体，基频振动，便给人造成鲤鱼跳动射水的错觉。

　　可分三个过程具体加以说明：

　　（1）操作者用手往复摩擦鱼洗双耳，将能量传入，其物理实质是一个非线性自激振动过程，是用单方向的力激起铜耳的振动。

　　（2）鱼洗双耳安装在盆内侧面的相对两侧，它们的振动可以耦合为盆体的横驻波共振。鱼洗盆本身具有一定的固有频率，只有当驱动力的振动频率接近鱼洗盆固有频率时，才能最有效地激起振动。

　　（3）共振波波腹处剧烈的振动可以使水具有的动能大于水的表面张力限定势能，且能克服重力再向上运动，于是水被撕裂成小水珠并从水面飞出，形成喷射的水花。

实验步骤

　　1. 向鱼洗内注入半盆净水，将鱼洗放在软垫上。

　　2. 操作者洗净双手并保持湿润，轻搓鱼洗的两耳，当鱼洗盆发出嗡嗡的振动声音时，便有水花从水面上喷射出来。

　　3. 实验时一边观看水花的喷射，一边观看水纹振动情况。

　　4. 实验完毕，将盆中水倒掉。

注意事项

　　1. 双手一定要干净，不能有油。

　　2. 做本实验要有耐心，水花的喷射基本与人手摩擦鱼洗双耳的频率无关，故不能着急。

实验十二　锥体爬坡

实验目的

验证物体运动的趋势是从势能高的位置向势能低的位置运动。

实验仪器

如图 12-1 所示，仪器由 V 形导轨、导轨支架和双锥体构成。V 形导轨开口端高、闭口端低，构成一倾斜轨道，轨道的坡度和两导轨间的夹角可通过导轨支架微调。

实验原理

本实验的核心在于刚体在重力场中的平衡问题，而自由运动的物体在重力的作用下总是平衡在重力势能极小的位置。如果物体不是处于重力场中势能极小值状态，重力的作用总是使它往势能减小的方向运动。本实验演示锥体在斜双杠上自由滚动的现象，巧妙地利用锥体的形状，将支撑点在锥体轴线方向上的移动（横向）对锥体质心的影响同斜双杠的倾斜（纵向）对锥体质心的影响结合起来，当横向作用占主导时，甚至表现为出人意料的纵向反常运动，即锥体会自动滚向斜双杠较高的一端。

图 12-1　锥体爬坡演示装置

在重力场中，物体在地球引力的作用下，总是以降低重心来趋于稳定。本实验中锥体与轨道的形状巧妙组合，给人以锥体自动由低处向高处滚动的错觉：V 形导轨的低端处，两根导轨相距较小，停于此处的锥体重心最高，重力势能最大；V 形导轨的高端处，两根导轨相距较大，停于此处的锥体重心最低，重力势能最小。因此从导轨低端处释放锥体，锥体就会沿导轨从低端滚向高端，这其间锥体的重心逐渐降低，重力势能逐渐减小，被转化为锥体滚动时的动能，体现了机械能守恒。

图 12-2 为锥体滚轮原理图。在本装置中，影响锥体滚动的参数有三个：导轨的坡度角 α，双轨道的夹角 γ 和双锥体的锥顶角 β。β 角是固定的，夹角 γ 与 α 是可调的，计算表明，当 α、β、γ 三角满足 $\tan\frac{\beta}{2}\tan\frac{\gamma}{2} > \tan\alpha$ 时，就会出现锥体主动上滚的现象。由此可知，通过锥体上滚的演示，能加深理解在重力场中，物体总是以降低重心力求稳定这一规律。

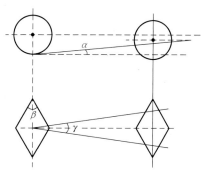

图 12-2 锥体滚轮原理图

实验步骤及演示现象

1. 将一个双锥体置于双导轨的低端，放手后自动滚落。
2. 将双锥体置于轨道高处时，松手后双锥体并不下滚。
3. 将双锥体置于轨道低处时，松手后锥体便会自动地沿轨道从低处滚到高处。
4. 重复步骤 3，仔细观察锥体上滚的情况。

注意事项

放置双锥体时，其轴线应与导轨平面平行，否则上滚时易脱离轨道，损坏底座。

实验十三 耦合摆

实验目的

1. 观察耦合长度的大小对耦合摆振动特性的影响。
2. 了解"拍"的现象。

实验仪器

整套仪器由耦合摆实验装置和计数计时多用秒表组成，采用激光光电门作为计数计时传感器。

图 13-1　实验装置图

实验原理

　　本实验装置是由两个同样重、无阻尼的振动摆（每个摆只有一个自由度），中间用很薄的弹簧片相连接即组成耦合摆，如图 13-1 所示。在静止情况下，两摆并不处于垂直位置，而是处于垂直位置的外侧角度为 φ_0 处，如图 13-2 所示。由于弹簧的作用，产生力矩 $M_F = kx_0L$，k 为弹簧的劲度系数，x_0 为相对于弹簧原长的变化长度，L 为摆长。与此同时，每个摆还受到重力矩 $M = -mgL\varphi_0$ 的作用。保持摆 P_1 不动，使摆 P_2 从其平衡位置偏离角度 φ_2，这时作用在摆 P_2 的总力矩为

$$M_1 = -mgL(\varphi_2 + \varphi_0) - k(l\varphi_2 - x_0)l = -mgl\varphi_2 - kl^2\varphi_0$$

式中，l 为悬挂点到弹簧片的距离。

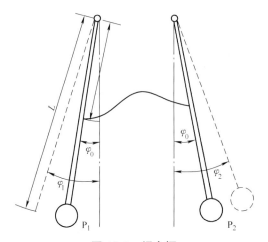

图 13-2　耦合摆

如果摆 P_1 也偏转角度为 φ_1，这时，作用在摆 P_2 的总力矩为

$$M_2 = I\frac{\mathrm{d}^2\varphi_2}{\mathrm{d}t^2} = -mgl\varphi_2 - kl^2\varphi_2 + kl^2\varphi_1 = -mgl\varphi_2 - kl^2(\varphi_2 - \varphi_1) \tag{13-1}$$

对摆 P_1，同理可得

$$M_1 = I\frac{\mathrm{d}^2\varphi_1}{\mathrm{d}t^2} = -mgl\varphi_1 - kl^2(\varphi_1 - \varphi_2) \tag{13-2}$$

式（13-1）、式（13-2）中的 I 为摆的转动惯量，制造时，使两摆的 I 相同，式（13-1）、式（13-2）即为耦合摆的微分方程，可改写为

$$\frac{\mathrm{d}^2\varphi_1}{\mathrm{d}t^2} + \omega_0^2\varphi_1 = -\Omega^2(\varphi_1 + \varphi_2) \tag{13-3}$$

$$\frac{\mathrm{d}^2\varphi_2}{\mathrm{d}t^2} + \omega_0^2\varphi_2 = -\Omega^2(\varphi_2 + \varphi_1) \tag{13-4}$$

式中

$$\omega_0^2 = \frac{mgL}{I} \tag{13-5}$$

$$\Omega^2 = \frac{kl^2}{I} \tag{13-6}$$

微分方程（13-3）、（13-4），根据三种典型的初始条件，可得到相应的解。

（1）同相位振动，初始条件为

$$t=0,\quad \varphi_1 = \varphi_2 = \varphi_a,\quad \frac{\mathrm{d}\varphi_1}{\mathrm{d}t} = \frac{\mathrm{d}\varphi_2}{\mathrm{d}t} = 0$$

即将两摆偏转同样的角度 φ_a（相对平衡位置）。在 $t=0$ 时，将它们同时释放，此时两摆做同相位振动，其圆频率为 $\omega_{同} = \omega_0$。这种振动形式与耦合度的强弱无关，其相应的方程组解为

$$\varphi_1(t) = \varphi_a(t) = \varphi_a\cos\omega_0 t \tag{13-7}$$

（2）反相位振动，初始条件为

$$t=0,\quad -\varphi_1 = \varphi_2 = \varphi_a,\quad \frac{\mathrm{d}\varphi_1}{\mathrm{d}t} = \frac{\mathrm{d}\varphi_2}{\mathrm{d}t} = 0$$

分别将两摆从其平衡位置偏离 $\varphi_1 = -\varphi_a$，$\varphi_2 = -\varphi_a$。在 $t=0$ 时，将它们同时释放，此时弹簧片不断伸缩，对摆的耦合振动起明显的影响，两摆具有同样的圆频率 $\omega_{反}$，微分方程组相应的解为

$$\varphi_1(t) = \varphi_a\cos\sqrt{\omega_0^2 + 2\Omega^2}\,t$$

$$\varphi_2(t) = -\varphi_a\cos\sqrt{\omega_0^2 + 2\Omega^2}\,t$$

由此得出

$$\omega = \sqrt{\omega_0^2 + 2\Omega^2} \tag{13-8}$$

（3）简正振动（晃动），初始条件为

$$t=0，\varphi_1=\varphi_a，\varphi_2=0，\frac{\mathrm{d}\varphi_1}{\mathrm{d}t}=\frac{\mathrm{d}\varphi_2}{\mathrm{d}t}=0$$

即将摆 P_2 固定，摆 P_1 由平衡位置偏离角度 $\varphi_1=\varphi_a$。在 $t=0$ 时，将两摆同时释放，最初仅摆 P_1 振动，随着时间的推移，P_1 的振动能量通过弹簧片逐渐向摆 P_2 转移，一直到 P_1 停止振动，而摆 P_2 得到它的全部振动能量，以后再反复进行此过程。微分方程组的解为

$$\varphi_1(t)=\varphi_a\cos\frac{\sqrt{\omega_0^2 + 2\Omega^2} - \omega_0}{2}t\cos\frac{\sqrt{\omega_0^2 + 2\Omega^2} + \omega_0}{2}$$

$$\varphi_2(t)=-\varphi_a\sin\frac{\sqrt{\omega_0^2 + 2\Omega^2} - \omega_0}{2}t\sin\frac{\sqrt{\omega_0^2 + 2\Omega^2} + \omega_0}{2} \tag{13-9}$$

对于非强耦合情况，$\omega_0 \gg \Omega$，则

$$\omega_1 = \frac{\sqrt{\omega_0^2 + 2\Omega^2} - \omega_0}{2} \approx \frac{\Omega^2}{2\omega_0}$$

$$\omega_1 = \frac{\sqrt{\omega_0^2 + 2\Omega^2} + \omega_0}{2} \approx \omega_0 + \frac{\Omega^2}{2\omega_0}$$

此时可明显看到"拍"的现象，$\varphi_1(t)$、$\varphi_2(t)$ 都可看作具有缓慢变化振幅的简正振动，当 $\varphi_1(t)$ 的振幅为最大时，$\varphi_2(t)$ 的振幅为 0；反之，当 $\varphi_2(t)$ 的振幅为最大时，$\varphi_1(t)$ 的振幅为零。两个摆的耦合程度可用耦合度 K 来描述，K 定义为

$$K= \frac{kl^2}{mgL + kl^2} = \frac{\Omega^2}{\omega_0^2 + \Omega^2}$$

当测出了 $\omega_{同}$ 及 $\omega_{反}$ 后，K 也可用下式计算，即

$$K= \frac{\omega_{反}^2 - \omega_{同}^2}{\omega_{反}^2 + \omega_{同}^2}$$

实验内容

1.打开"计数计时多用秒表"开关，次数预置设为 20（摆锤指针经过平衡位置 20 次，则计时周期次数为 10），"时间显示"和"秒表显示"均为 0。

2.调节耦合摆底盘水平调节螺钉，使立柱铅直，调节"摆杆固定和调整螺母"，使摆锤置于适当位置。

3.调节耦合位置调节环，使两个单摆的耦合长度 L 相等（置于 $L=10.00\text{cm}$ 处）。

4.把钢板尺放到水平尺固定架上，调节其前后位置，避免单摆摆动时其指针与钢板尺之间有摩擦。

5.将光电门插入待测单摆，调节挡光位置以测试单摆周期，由于只有一个光电门，实验时可根据需要，多次移动光电门位置，动作要轻，移动后每次都要注意调好挡光位置（要求在摆的平衡位置挡光）。

6.令右单摆静止，用手轻轻将左单摆拉至距平衡位置 2.50cm 处，测出 10 个周期值。将数据填入表格，计算出 ω。

思考题

1.分析振动系统出现强耦合和弱耦合的条件是什么？它们与哪些因素有关？

2.如何从观察到的"拍"现象中求 ω_1、ω_2？

实验十四　水波的双束干涉

实验目的

1.研究球面水波双束干涉与两振动源之间距离和波长的函数关系。

2.研究水波的双缝干涉。

3.比较干涉图样。

实验原理

相干球面波相遇时互相叠加，在空间某些点处，波的振动始终加强，而在另一些点处，波的振动始终减弱或完全抵消，这种现象称为"干涉"。某特定位置的干涉现象依赖于两相干球面波达到该位置的"波程差"。

如果波程差满足

$$\Delta s = n\lambda,\ n=0,\ \pm1,\ \pm2,\ \cdots \tag{14-1}$$

则两相干波到达该点时相位相同，叠加后互相加强，振幅最大。

如果波程差满足

$$\Delta s = \left(n+\frac{1}{2}\right)\lambda,\ n=0,\ \pm1,\ \pm2,\ \cdots \tag{14-2}$$

则两相干波到达该点时相位相反，叠加后互相减弱，振幅最小。如果两相干波的振幅相同，则叠加后振幅为零。

图 14-1 是以振动源中心为焦点的双曲线，双曲线上的点具有相同的波程差。这些点的位置可以用相对于两振动源连线的中心轴的角 α 来表示（见图 14-2）。

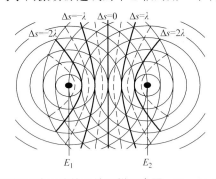 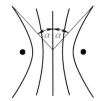

图 14-1　两相干球面波的干涉图样示意图，E_1、E_2 为点振动器　　图 14-2　干涉双曲线上的角度 α

对于振幅最大的点，我们可以得到

$$\sin\alpha=n\frac{\lambda}{d}, \quad n=0, \pm1, \pm2, \cdots \tag{14-3}$$

对于振幅最小的点，我们得到

$$\sin\alpha=\left(n+\frac{1}{2}\right)\frac{\lambda}{d}, \quad n=0, \pm1, \pm2, \cdots \tag{14-4}$$

上面两式中，d 是振动源之间的距离；λ 是波长。

在水波槽中，利用两个点振动器与提供气流的传送薄膜管相连，可产生具有相同频率和振幅的相干球面波，或利用球面波在平直障碍物处反射，振动源中心的"镜像"与振动源也可形成两相干的球面波，还可利用平面波在双缝障碍物后的衍射来产生相干的球面波。

实验仪器

带有频闪观测仪的水波槽、洗洁精、透明片、透明框、胶带、直尺、量角器，参见图 14-3。

图 14-3

实验内容

（一）双点振动器的双束干涉

1. 如图 14-4 所示安装实验仪器。

2. 如图 14-5 所示连接两点振动器，以提供距离为 8cm 的双振动源。

3. 用胶带把透明片固定在观测屏 g 上。通过螺杆来旋转频闪观测仪的圆盘，使其不妨碍光束照亮水波槽底部的玻璃框。

4. 用旋钮 e 设置频率约为 25Hz，并用旋钮 d 慢慢增加振动幅度直到波前清晰可见为止。

5. 用调节螺旋 h_1 改变点振动器的浸没深度。

6. 观察干涉图样中振幅最大和最小的位置及数目。

7. 在透明片上描绘出振动源中心和干涉双曲线的草图。

8. 测量波长 λ、振动器之间的距离 d 和出现振幅最小值所对应的角度 α。

9. 把两点振动器之间的距离减小为 4.2cm，重复上述实验步骤。比较两个干涉图样。

10. 设置频率从 10Hz 增加到 40Hz，每次增加 5Hz。对于每个频率，注意观察波长和双曲线上的干涉条纹数目。在其他一些透明片上画出可用于定量计算的干涉图样，并比较这些干涉图样。

（二）双缝的双束干涉

1. 移去点振动器，把四缝障碍物放在水波槽中央灯的正下方。如图 14-6 所示连接平面波振动器，保持平面波振动器与障碍物平行且间距为 5cm。

2. 如图 14-7 所示用两块窄挡片遮挡中间两个（第二和第三个）狭缝，使双缝中心之间的距离为 4.2cm。

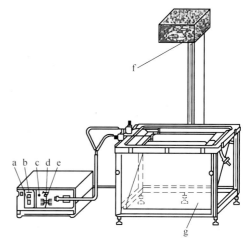

图 14-4　双束干涉的实验装置图

a—频闪观测仪的开关　b—频闪观测仪频率微调旋钮 c—产生单个波振动按钮　d—波振动的振幅调节旋钮 e—波振动的频率调节旋钮　f—手动调节频闪观测仪圆盘螺杆　g—观测屏

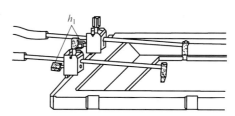

图 14-5　与传送薄膜管相连接的双振动器

h_1—固定振动器浸没深度调节螺旋

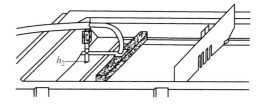

图 14-6　与传送薄膜管相连接的平面波振动器以及双缝干涉的实验装置图

h_2—平面波振动器浸没深度的调节螺旋

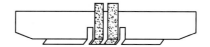

图 14-7　缝间距为 4.2cm 的双缝

3. 设置频率约为 25Hz，并慢慢增加振动幅度直到波前清晰可见为止。

4. 用调节螺旋（h_2）改变平面波振动器的浸没深度。

5. 观察干涉图样中振幅最大和最小的位置及数目。

6. 在透明片上描绘出双缝和干涉双曲线的位置草图。

7. 测量波长 λ、振动器之间的距离 d 和出现振幅最小值所对应的角度 α。

8. 与两点振动器产生的干涉图样进行比较（两振动源之间距离为 4.2cm，f=25Hz）。

9. 如图 14-7 所示，首先遮住第二和第四个狭缝，再遮住第一和第四个狭缝来改变两振动器之间的距离，分别重复上述实验步骤。

10. 比较干涉图样。

11. 设置频率从 10Hz 增加到 40Hz，每次增加 5Hz。对于每个频率，注意观察波长和双曲线上的干涉条纹数目。在其他一些透明片上画出可用于定量计算的干涉图样，并比较这些干涉图样。

实验十五　旋转液体演示

　　旋转液体现象以其直观性、生动性而激发学生的实验兴趣，是一个既古老又现代的实验。早在力学创建之初，就有牛顿的水桶实验。牛顿发现，当水桶中的水旋转时，水会沿着桶壁上升。直至现今，在德国、美国等大学的一些研究性物理实验中，对旋转液体抛物面形状的研究是一个广泛而重要的课题之一，是集流体力学、几何光学、物理光学等多方面知识而不可多得的实验题材。本实验仪应用现代激光技术测量旋转液体的液面形状，不仅可测量重力加速度，还可深入研究液面凹面镜与转速的关系，测量凹面镜的光学参数。仪器配备了半导体激光器、霍尔传感器结合单片机测量转动周期等现代工业测试技术。

实验目的

1. 用旋转液体最高处与最低处的高度差测量重力加速度。
2. 用激光束平行转轴入射测斜率法求重力加速度。
3. 研究和测量旋转液面的光学特性。
4. 研究和测量转速和液面形状及液面光学特性的关系。

实验原理

1. 匀速旋转液体的上表面为抛物面

如图 15-1 所示为旋转液体的轴截面图，液体跟随一个半径为 R、绕其中心轴 Oy 旋转的圆桶一起，以角速度 ω 旋转，考虑位于液面上的一个质元，当其处于平衡时，有 $N\cos\theta=mg$、$N\sin\theta=mx\omega^2$，其中 θ 为液面上该处的切线与 x 轴的夹角，由于表面张力相对其他力小得多，故忽略，由此得

$$\frac{\mathrm{d}y}{\mathrm{d}x}=\tan\theta=\frac{\omega^2}{g}x$$

所以

$$y=\frac{\omega_2 x_2}{2g}+y_0 \qquad （15\text{-}1）$$

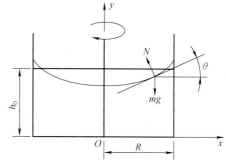

图 15-1

式中，y_0 为 $x=0$ 处的 y 值。

设在 $x=x_0$ 处液面的高度 y 不随 ω 的改变而改变，液体在未旋转时液面高度为 h_0，则点（x_0，y_0）在式（15-1）所示的抛物线上，所以

$$h_0=\frac{\omega^2 x_0^2}{2g}+y_0 \qquad （15\text{-}2）$$

因液体的体积不随角速度而变化，所以

$$\pi R^2 h_0=\int_0^R y(2\pi R)\mathrm{d}x=\int_0^R 2\pi\left(y_0+\frac{\omega^2 x^2}{2g}\right)x\mathrm{d}x$$

即

$$y_0=h_0-\frac{\omega^2 R^2}{4g} \qquad （15\text{-}3）$$

联立式（15-2）和式（15-3）得 $x_0=\dfrac{R}{\sqrt{2}}$，这说明，在 $x=\dfrac{R}{\sqrt{2}}$ 处，液面的高度始终保持不变。

2. 用旋转液体测量重力加速度 g

（1）用旋转液体最高处与最低处的高度差测重力加速度。

如图 15-2 所示，设液面最高处与最低处的高度差为 Δh，则点（R，$y_0+\Delta h$）在式（15-1）所示的抛物线上，即 $y_0+\Delta h=\dfrac{\omega^2 R^2}{2g}+y_0$，所以

$$g=\frac{\omega^2 R^2}{2\Delta h}=\frac{\pi^2 D^2}{2T^2\Delta h} \qquad （15\text{-}4）$$

将 Δh、D、T 测出，代入式（15-4）式求得 g。

（2）激光束平行转轴入射测斜率法求重力加速度。

如图 15-2 所示，BC 为透明屏幕，激光束竖直向下打在 $x=\dfrac{R}{\sqrt{2}}$ 的液面的 D 点，反射光点为 C，D 处切线与 x 轴方向的夹角为 θ，则 $\angle BCD=2\theta$，实验中测出透明屏幕至圆桶底部的距离 H、液面静止时 D 点的高度 h_0 以及两光点 B、C 间的距离 d，则

$$\tan 2\theta=\frac{d}{H-h_0} \qquad （15\text{-}5）$$

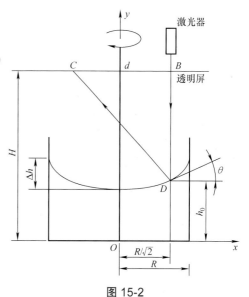

图 15-2

又 $\tan\theta = \dfrac{\mathrm{d}y}{\mathrm{d}x} = \dfrac{\omega^2 x}{g}$ ，所以在 $x = \dfrac{R}{\sqrt{2}}$ 处，

$$\tan\theta = \frac{\omega^2 R}{\sqrt{2}g} = \frac{2\sqrt{2}\pi^2 R}{gT^2} \tag{15-6}$$

由式（15-5）可得 θ 的值，代入式（15-6）就可求得 g ，多次测量得到多组 $\tan\theta\text{-}1/T^2$ 的数据，作图得一直线，其斜率为 k ，则

$$g = \frac{2\sqrt{2}\pi^2 R}{k} = \frac{\sqrt{2}\pi^2 D}{k} \tag{15-7}$$

式中， D 为圆桶内径，可直接测量得到。

实验仪器

实验仪如图 15-3 所示。

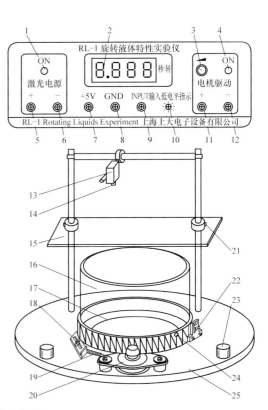

图 15-3 实验仪器

1—激光器电源开关（向上开） 2—周期测量四位数码管显示，单位：s/r（秒/转）
3—电动机转速调节旋钮，顺时针调节电动机转速加快 4—电机电源开关（向上开）
5—激光器电源负极接线柱（接激光器黑线） 6—激光器电源正极接线柱（接激光器红线）
7—测速霍尔传感器电源 +5V 接线柱（接传感器板红线） 8—测速霍尔传感器电源 GND（地）接线柱（接传感器板黑线）
9—周期测量信号输入 INPUT 接线柱（接霍尔传感器板输出黄线） 10—周期测量信号输入低电平指示发光管
11—电动机驱动电源负极接线柱（接电机黑线） 12—电动机驱动电源正极接线柱（接电机红线）
13—半导体激光器（可调节相应的螺钉来改变激光束发射方向） 14—激光器帽盖，在研究液体凹表面成像时旋上该帽盖
15—透明屏（有机玻璃，上粘贴毫米方格纸，可调节其高度） 16—实验容器 17—实验容器内径 R/2 刻线
18—传动轮压力松紧调节螺钉 19—传动压紧弹簧 20—电动机组件 21—立柱 22—测速霍尔传感器板
23—水平调节旋钮 24—传动盘和传动盘上计时用磁钢（钕铁硼） 25—实验装置底盘

实验内容

1. 通过旋转液体最高处与最低处的高度差测量重力加速度

用气泡式水平仪将实验用圆桶调水平，否则在实验中，水在旋转时液面高度不稳定从而导致测量效果不佳。然后在圆桶中加入适量的水，水面离筒口 3~5cm 为宜：过多，液体转速受限制；过少，旋转的抛物液面的焦点在桶口以下，从而无法测量焦距。用游标卡尺测量圆筒的内径 D，从圆筒侧壁读出液面最高点与最低点的高度差 Δh，从旋转液体实验仪上读取周期 T，则由式（15-4）可得 g。由于从侧壁读取液面最低点的位置不是很准确，最后 g 的不确定度约为 3%。

2. 激光束平行转轴入射测斜率法求重力加速度

（1）测量圆筒中液面高度 h_0 和圆筒底至透明屏幕的距离 H。

（2）开启半导体激光器，调节其位置，使其光束平行转轴入射至桶底半径为 $R/\sqrt{2}$ 的圆刻线上，透明屏幕上入射光点和经水面反射后的光点在水静止时重合（激光的自准直原理）。

（3）在不同的周期 T 下读取入射点与反射光点的距离 d。

3. 焦距 f 与液体旋转周期 T 关系的测量

将激光光束正对着圆筒底部的中央。为了确保激光束与转轴平行，在液面静止时屏幕上的入射光点与经液体上表面反射回来的光点应重合。这时激光束的位置就是光轴的位置，在屏幕上两光点重合处做一个小标志，此标志与筒底部中央连线就是光轴。

在保持光束平行于光轴的情形下将光束移离光轴位置，当液体旋转时，反射光点一般不与屏幕上的小标志重合，上下移动屏幕，使两者重合，则此时反射光点所在的位置就是焦点的位置。量出屏幕到杯底的距离 H，从侧壁读出液体最低点的高度 y_0，焦距 $f \approx H - y_0$，从旋转液体实验仪上可读取周期 T。改变 T 得到多组 f 与 T 值。假设 $f = \alpha T^{\beta}$，则 $\ln f = \beta \ln T + \ln \alpha$，即 $\ln f$ 与 $\ln T$ 为线性关系，作 $\ln f$-$\ln T$ 图，通过线性拟合 α 和 β，进而得到 f。

注意事项

1. 不要直视激光束。
2. 用气泡式水平仪校准转盘的水平。
3. 激光器装帽盖，顺时针旋紧，小心下落到水中。

实验十六　麦克斯韦滚摆

实验目的

演示机械能守恒及滚摆动能和势能间的转换。

实验仪器

麦克斯韦滚摆如图 16-1 所示。

图 16-1　麦克斯韦滚摆

实验原理

在惯性系中，若系统的外力与内部的非保守力做功的代数和等于零，则系统的机械能守恒。滚摆在上下运动过程中，如果不考虑空气阻力以及摩擦力的影响，则可以将其看成是理想系统，于是滚摆在运动过程中动能与重力势能相互转换，但总的机械能保持守恒。

当捻动滚摆的轴使滚摆上升到顶点时，储蓄一定的势能。当滚摆被松开，开始旋转下降时，其势能随之减小，而动能（平动动能和转动动能）逐渐增加。当悬线完全松开，滚摆不再下降时，转动角速度与下降平动速度达到最大值，动能最大。但滚摆仍继续旋转，它又开始缠绕悬线并上升。在滚摆上升的过程中动能逐渐减小，势能却逐渐增加，上升到跟原来差不多的高度时动能为零，而势能最大。如果没有任何阻力，滚摆每次上升的高度都相同，说明滚摆的势能和动能在相互转化过程中机械能的总量保持不变。

滚摆的运动可以看成质心的平动和绕质心的转动的叠加，则刚体的动能可以表示为 $E_k = \frac{1}{2}mv_C^2 + \frac{1}{2}J\omega^2$，其中 $J = \sum_i m_i r_i^2$，为刚体的转动惯量。

如图 16-2 所示，分析滚摆的受力情况，根据牛顿第二定律和转动定律可以列出以下动力学方程：

$$mg - T = ma_C$$
$$Tr = J\beta$$
$$r\beta = a_C$$

解以上方程得

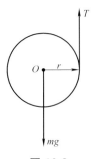

图 16-2

$$a_C = \frac{g}{1+\dfrac{g}{mr^2}}, \quad T = \frac{J}{J+mr^2}mg, \quad \beta = \frac{\dfrac{g}{r}}{1+\dfrac{g}{mr^2}}$$

式中，a_C 为滚摆转动的线加速度；T 为滚摆所受细绳的张力；β 为滚摆转动角加速度。滚摆由静止下落的高度 h 为

$$h = \frac{1}{2}a_C t^2 = \frac{\dfrac{1}{2}gt^2}{1+\dfrac{J}{mr^2}}$$

质心的平均平动动能为

$$E_{kp} = \frac{1}{2}mv_C^2 = \frac{1}{2}m(a_C t)^2 = \frac{1}{2}m\frac{g^2 t^2}{\left(1+\dfrac{J}{mr^2}\right)^2}$$

转动动能为

$$E_{ks} = \frac{1}{2}J\omega^2 = \frac{1}{2}J(\beta t)^2 = \frac{1}{2}J\frac{\dfrac{g^2 t^2}{r^2}}{\left(1+\dfrac{J}{mr^2}\right)^2}$$

总动能为

$$E_k = E_{kp} + E_{ks} = \frac{1}{2}g^2 t^2 m \frac{1}{1+\dfrac{J}{mr^2}} = mgh$$

上面的分析表明，重力势能转化成摆盘的平均动能与摆盘转动的动能，总机械能守恒。

实验步骤

1. 将滚摆放平，调整悬线，使摆轴保持水平。旋转摆盘，使悬绳对称均匀地绕在轴杆上，待滚摆到达一定高度时轻轻放手，使其平稳下落。

2. 在重力的作用下滚摆自动上下运动，动能与势能不断相互转换。重复实验数次，观察滚摆的转动情况。

注意事项

1. 滚摆要放置在平稳的实验台上，实验前务必调整悬线以保持摆轴水平。

2. 滚摆不可左右摆动或者扭动。

实验十七　科里奥利力

实验原理

在惯性系中静止的质点，相对于以 ω 转动的转动参考系来说，速度为 $r' \times \omega$，r' 为质点在转动参考系中的位置矢量。同理，在惯性系中速度为 v 的质点，在转动参考系中的速度 $v' = v + r' \times \omega$。进一步可推出

$$a' = a + \omega^2 r + 2v' \times \omega$$

则所受的力为

$$ma' = ma + m\omega^2 r' + 2mv' \times \omega$$

因此，在转动参考系中引入两种惯性力：$m\omega^2 r'$ 为惯性离心力；$2mv' \times \omega$ 为科里奥利力。科里奥利力垂直于速度，改变物体运动速度的方向。

实验仪器

如图 17-1 所示，本演示仪主要由一个可以旋转的圆盘组成，圆盘上有一条倾斜的导轨从其边缘向中心延伸。

图 17-1　科里奥利力实验仪

实验方法

1. 当圆盘静止时，小球沿导轨下滚，其轨迹沿圆盘的直径方向，不发生任何的偏离。
2. 使圆盘转动，同时释放小球沿导轨滚动，受科里奥利力影响，当小球滚落到圆盘中心后，将偏离直径方向运动。如果从上向下看圆盘沿逆时针方向旋转，小球将向前进方向的右侧偏离；如果转动方向相反，即从上向下看圆盘沿顺时针方向旋转，小球向前进方向的左侧偏离。

思考题

1. 地球是惯性系吗？
2. 南北半球的河流对两岸的冲刷有什么区别？

实验十八　牛顿摆

实验目的

通过观察牛顿摆的运动，了解和感受能量守恒与动量守恒的原理。

实验仪器

塑料球牛顿摆和不锈钢球牛顿摆分别如图 18-1 和图 18-2 所示。

 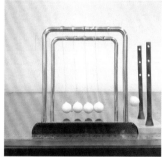

图 18-1　塑料球牛顿摆

图 18-2　不锈钢球牛顿摆

实验原理

牛顿摆是由法国物理学家伊丹·马略特最早于 1676 年提出的。五个质量相同的球体由吊绳固定，彼此紧密排列，拉起最右侧的球并释放，在回摆时碰撞紧密排列的另外四个球，发生碰撞后，最左边且仅有最左边的球将被弹出。

牛顿摆中发生的碰撞是一种常见的现象，碰撞过程可分为两个阶段。开始碰撞时，两球相互挤压，发生形变，由形变产生的弹性恢复力使两球的速度发生改变，直到两球的速度相等为止，此时形变达到最大。这是碰撞的第一阶段，可称为压缩阶段。此后，由于形变仍然存在，弹性恢复力继续作用，使两球速度变化而有相互脱离的趋势，两球的形变逐渐减小，直到两球分离。这是碰撞的第二阶段，可称为恢复阶段。牛顿摆的碰撞可以近似看成完全弹性碰撞。

完全弹性碰撞是一种理想情况下的碰撞，它的物理过程满足能量守恒与动量守恒定律，两个质量完全相同的小球，在发生此类碰撞时，会发生速度交换的现象。在牛顿摆的某一次碰撞过程中，小球的能量损耗很小，可以忽略不计，能量近似不发生改变，符合完全弹性碰撞。这就决定了碰撞后弹起小球的数量、速度与碰撞前相等，而速度又决定了小球弹起的高度。因此，从现象上看，牛顿摆左右两次弹起小球的数量与高度是相同的。

但在现实生活中，不发生能量损耗的完美碰撞是不存在的。实际上，碰撞发生时，由于形变与形变所产生的恢复力变化速度不一致，导致恢复力落后于形变，因此在形变恢复后会产生能量损耗，这种现象叫作弹性滞后现象，这种碰撞叫作非完全弹性碰撞。再加上摩擦、空气阻力等影响，导致小球的机械能以热能的形式释放，在牛顿摆反复碰撞的过程中，机械能会逐渐减小，因此小球的运动会逐渐变缓，并最终停下来。

实验内容

1. 拉开小球偏离平衡位置，释放小球使其摆动。另一端的小球会弹起，并做反复的规则运动。
2. 记录拉起小球的数量和高度，观察另一端小球弹起的数量和高度与其是否相同。
3. 总结牛顿摆中小球运动的规律。

注意事项

1. 小球抬起高度不得超过 90°。
2. 小球抬起方向请与排列方向相同。

思考题

试分析质量不等的两物体发生弹性正碰的情况。

实验十九　刚体转动演示

实验原理

　　根据刚体转动定律，刚体所受的对于某轴的力矩等于刚体对此轴的转动惯量与刚体在此力矩作用下所获得的角加速度的乘积。转动惯量是刚体转动时惯性的量度，其量值取决于物体的形状、质量分布及转轴的位置。形状规则、质量分布均匀的刚体相对于其质心轴的转动惯量可以直接用经验公式计算。根据平行轴定理可计算刚体绕非质心轴转动的转动惯量。

实验仪器

　　实验仪器包括框架、四排轨道和四个相同质量的圆柱形刚体。不锈钢材质的圆柱形刚体质量分布在边上，塑料材质的圆柱形刚体质量均匀分布，如图 19-1 所示。

图 19-1　不同材质的圆柱形刚体滚动

实验方法

　　用 2 层和 4 层作做比实验，将框架低端抬起，刚体从高处滚向低处，可以看出 2 层和 4 层的快慢，从而验证刚体质量分布和转动惯量的关系。再用 1 层和 2 层做对比实验，比较转动力矩对转动加速度的影响。

思考题

　　比较计算圆柱和圆筒转动惯量的区别。

实验二十　简谐振动的合成

实验原理

1. 同方向同频率两简谐振动合成后的振动是同频率的简谐振动。
2. 同方向不同频率两简谐振动的合成。设两振动的振动方程分别为

$$y_1 = A\cos\omega_1 t$$
$$y_2 = A\cos\omega_2 t$$

（20-1）

则合成振动方程为

$$y = 2A\cos\left(\frac{\omega_1 - \omega_2}{2}\right)t\cos\left(\frac{\omega_1 + \omega_2}{2}\right)t$$

（20-2）

　　如果两振动的频率都较大而相差较小，合振动可近似看作简谐振动，而且该简谐振动的振幅所呈现的随时间周期性的缓慢强弱变化，即拍。

　　3. 两相互垂直的简谐振动的合成。一质点同时做两个垂直的简谐振动时，如果两个振动的频率成简单的整数比，其合成运动轨迹是稳定封闭的曲线，称为李萨如图形。

实验仪器

　　如图 20-1 所示，绘图笔的支架的运动受上下两个振动系统控制。因为做圆周运动的质点在某直径方向上的投影是简谐振动，上下振动系统分别由左右两个旋转的电动机带动。

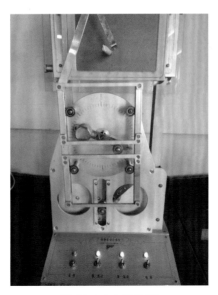

图 20-1　实验仪器

实验方法

1. 通过调节定位螺钉和变速齿轮，使第一振动与第二振动方向一致，频率相同，绘制两振动合成曲线。

2. 改变变速齿轮转速比，绘制拍的变化曲线。

3. 设置两振动的方向使其相互垂直，绘出李萨如图形。在调节两振动的频率比的同时，相位差也可以自由设定。

思考题

两相互垂直的振动合成的李萨如图形和相位差有什么关系？

实验二十一　　共振耦合摆

实验原理

振动系统在周期性外力作用下做受迫振动，当外力频率与其固有频率相同时，系统发生共振，振幅最大，从外界吸收能量最多。单摆的固有频率与 $\sqrt{L}$ 成反比，L 为单摆摆长。

实验仪器

如图 21-1 所示，仪器一侧的横杆上依次并排悬挂五个摆长不同的单摆；另一侧，竖杆及其可上下移动的配重组成一个物理摆，物理摆的等效摆长可由上下移动配重位置来改变。物理摆作为策动源。配重质量较大，启动时可贮藏较大的能量，使系统能够运行较长的时间。

图 21-1　共振耦合摆

实验方法

演示时从上往下逐渐移动配重，可先后观察到摆长从小到大的单摆依次产生共振的现象。

思考题

共振发生的条件和特点是什么？

实验二十二　横波演示

实验原理

波就是振动的传播。传播方向与振动方向垂直的波称为横波。横波的每处质点都在做简谐振动，而不同处相位不同，波形向前推进，像波浪起伏一样，有波峰和波谷，相邻的两个波峰或相邻的两个波谷之间的距离等于一个波长。

实验现象

横波演示如图 22-1 所示。

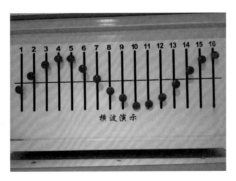

图 22-1　横波演示

实验方法

沿逆时针方向摇动手柄，使每个振子步调一致做简谐振动，且处于水平状态。顺时针摇动手柄，振子从左到右逐一开始在上下方向做简谐振动，形成向右传播的横波。

思考题

电磁波是横波还是纵波？光波传播需要介质吗？

实验二十三　纵波演示

实验原理

纵波也称"疏密波"，振动在弹性媒质中传播时，波源振动方向与波的传播方向相同。媒质被拉伸或压缩而疏密分布，并产生弹性回复力，每一质点的振动方向与传播方向一致，相邻两个密部或疏部之间的距离为一个波长。

实验现象

纵波演示如图 23-1 所示。

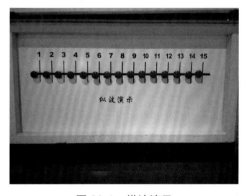

图 23-1　纵波演示

实验方法

1. 观察每一点的振动现象

逆时针摇动手摇柄，每个振子步调一致，做简谐振动，相邻两个振子之间的距离相同。

2. 观察纵波

顺时针摇动手摇柄，振子由手摇柄处开始振动起来，逐步向前方传播，每个振子做各自的振动，尽管每一个振子的运动都是简谐振动，但由于它们之间存在相差，因此每一个振子的运动情况各不相同，若干个振子的振动形成了疏密波，由手柄处向前方传播，即形成了所谓的纵波。

思考题

声波和光波有什么区别？

实验二十四　波的合成演示

实验原理

两列同方向、同频率、同振幅的简谐波相遇叠加时，若它们同相，则合成波是振幅为两倍的简谐波；若它们为反相，则合成波的振幅处处为零。

当两列同频率、同振幅的简谐波沿相反方向传播相遇时则形成驻波。设两列波分别沿 x 轴正负方向传播，它们的波动方程分别为

$$\left. \begin{array}{l} y_1 = A\cos 2\pi\left(ft - \dfrac{x}{\lambda} \right) \\[2mm] y_2 = A\cos 2\pi\left(ft + \dfrac{x}{\lambda} \right) \end{array} \right\} \qquad (24\text{-}1)$$

两波合成后的方程为

$$y_1 + y_2 = 2A\cos 2\pi\left(\dfrac{x}{\lambda} \right)\cos 2\pi ft \qquad (24\text{-}2)$$

可看出，某些点的振动的振幅最大，称为波腹；某些点的振幅为零始终不动，称为波节。波节和波腹的位置固定不动，波形没有向前推进传播，相邻两波节（或相邻两波腹）之间的距离均为 1/2 波长。

实验仪器

波的合成演示器如图 24-1 所示。

图 24-1　波的合成演示器

实验方法

1. 先顺时针摇动手柄，使三列波的各质点都位于平衡位置。
2. 按使用说明设置调节轮的销钉，演示同方向两波的叠加。
3. 设置调节轮的销钉，演示反方向两波的叠加即驻波。

思考题

常见驻波产生的条件是什么？

实验二十五　　弦线驻波

实验原理

传播方向相反的两列波叠加而形成驻波，相邻波节间的距离为半波长。通常靠反射的方法产生相反方向传播的波，当弦线两端长度满足波的半波长的整数倍时，才能产生稳定的驻波。

实验仪器

弦线驻波实验仪如图 25-1 所示。

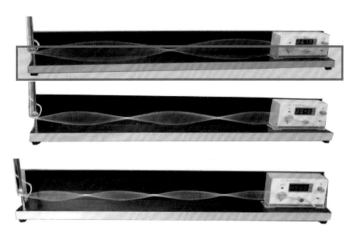

图 25-1　弦线驻波实验仪

实验方法

调节马达转速，观察弦线振动，直到出现明显的波腹、波节。适当增加转速，使弦线的波节数增加。

思考题

弦线的密度对其振动有何影响？

实验二十六　环驻波

实验原理

驻波是由传播方向相反的两列波叠加而成的。对于一般实验中，入射波和反射波的叠加，出现驻波首先要满足干涉相长的条件，即振动经介质往返传播的长度为波长的整数倍，该条件可通过使波的频率为波速与往返长度之比的整数倍而达到。

$$\Delta L = N \cdot \lambda$$
$$= N \cdot \frac{v}{f} \tag{26-1}$$

实验仪器

环驻波演示仪如图 26-1 所示。

图 26-1　环驻波演示仪

实验方法

调节振源频率和幅度，使圆环上出现明显的波腹和波节；再改变频率，使波腹或波节的数量变化。

思考题

圆环上的驻波和弦线上的驻波有什么区别？

实验二十七　伯努利悬浮球

实验原理

18 世纪瑞士物理学家丹尼尔·伯努力发现，理想流体在重力场中做稳定流动时，同一流线上各点的压强、流速和高度之间存在一定的关系：

$$p_1 + \frac{1}{2}\rho v_1^2 + \rho g h_1 = p_2 + \frac{1}{2}\rho v_2^2 + \rho g h_2$$

此关系式被称为伯努力方程。

若在 $h_1 = h_2$ 的同一条流线上，则有

$$p_1 + \frac{1}{2}\rho v_1^2 = p_2 + \frac{1}{2}\rho v_2^2$$

式中，ρ 为流体密度；v_1、p_1 为一处流体的速度和压强；v_2、p_2 为另一处流体的速度和压强。显然，当流体流过物体表面时，流速大则压强小，流速小则压强大。

实验仪器

伯努利悬浮球如图 27-1 所示。

图 27-1　伯努利悬浮球

实验方法

将圆球托起到空气出口处，空气沿圆球四周高速流出。根据伯努力方程，因为圆球上方气体的流速比下方大，故圆球上方的压强小，而下方压强大，对圆球产生一个向上的推力，当这个推力大到足以抵消圆球自身的重力时圆球就会悬浮起来。

思考题

当小船旁边有大船驶过时会发生什么现象？

实验二十八　飞机的升力

实验原理

流体流动时，在同一水平流线上的压强 p 与流速 v 存在一定的关系，即同一高度上的伯努利方程：

$$p + \frac{\rho v^2}{2} = 恒量$$

它表明：流速大的地方压强小，流速小的地方压强大。飞机能在空中飞翔就是利用这一原理。飞机机翼的形状是经过精心设计的，呈流线型，下面平直，上面圆拱，飞行时能使流过机翼上方空气的流速大于机翼下方空气的流速。从伯努利方程来看，在速度比较大的一侧压强要相对低一些，因此机翼下表面的压强要比上表面大，形成一个向上偏后的总压力，它在垂直方向上的分力叫举力或升力，举力与机翼的形状、气流速度和气流冲向翼面的角度有关。

实验仪器

飞机升力演示仪如图 28-1 所示。

图 28-1　飞机升力演示仪

实验方法

打开电扇开关，让气流流过机翼，模拟飞机向前飞行。观察两种不同形状机翼的运动情况：流线型机翼向上升起，平直机翼纹丝不动。

思考题

飞机机翼相对于气流的迎角不同对升力有什么影响？

实验二十九　斯特林热机（一）

实验原理

　　斯特林热机是 1816 年由斯特林（Robert Stirling，1790—1878，英国物理学家）发明的。

　　斯特林热机以空气作为工作介质，由气体热胀冷缩产生动力，将热能转换为机械能，该热机循环分为四个过程：加热、膨胀、冷却、压缩。不同于内燃机燃料在气缸内燃烧，斯特林热机由外部供热，属于外燃机。

实验仪器

　　斯特林热机如图 29-1 所示。

图 29-1　斯特林热机

实验方法

　　将热机放在手掌上，片刻后转盘开始转动，此时手掌是高温热源，而上侧空气为低温热源。若热机因使用时间长久而导致密封性变差，可用灯泡或吹风机加热。

思考题

　　斯特林热机的优缺点有哪些？

实验三十　速率分布演示

实验原理

在确定的温度下，对于大量分子组成的处于平衡态的气体来说，处于一定的速度范围的分子所占的比例满足统计分布规律，其分布函数为麦克斯韦速率分布函数：

$$f(v) = 4\pi v^2 \left(\frac{m}{2\pi kT}\right)^{\frac{3}{2}} \mathrm{e}^{-\left(\frac{m}{2kT}v^2\right)} v^2 \tag{30-1}$$

速率在 $v \to v+\mathrm{d}v$ 区间内的分子数与总分子数的比率为

$$\frac{\mathrm{d}N}{N} = f(v)\mathrm{d}v \tag{30-2}$$

分布函数满足归一化条件

$$\int_0^{+\infty} f(v)\mathrm{d}v = 1 \tag{30-3}$$

分布函数曲线可形象地描绘出气体分子按速率分布的情况，温度越高，气体最概然速率越大，曲线峰值越靠右。

实验仪器

速率分布演示仪如图 30-1 所示。

图 30-1　速率分布演示仪

实验方法

1. 通过调温杆选择漏口位置，按箭头方向转动边框一圈，钢珠经针板漏下，逐渐形成对应温度的速率分布函数图像。

2. 改变漏口位置，重复上述操作，观察钢珠形成的分布，并与上次结果比较。

思考题

本仪器可演示分布函数的归一化吗？

实验三十一　珀尔帖效应演示仪

珀尔帖现象最早是在 1821 年，由一位德国科学家托马斯·塞贝克首先发现的，不过他当时做了错误的推论，并没有领悟到背后真正的科学原理。到了 1834 年，一位法国表匠，同时也是兼职研究这一现象的物理学家让·珀尔帖，才发现背后真正的原因。珀尔帖发现了这样一种现象：用两块不同的导体连接成电偶，并接上直流电源，当电偶上流过电流时，会发生能量转移现象，一个接头处放出热量变热，另一个接头处吸收热量变冷，这种现象被称作珀尔帖效应。这个现象直到近代随着半导体技术的发展才有了实际的应用，也就是制冷器的发明。

利用珀尔帖效应，将电偶的一个接头——冷接点置于需要制冷的空间部位，就可以使该处制冷，将电偶的另一接点——热接点置于需要供热的空间部位，就可以向该处供热，这就是热电式制冷和热电式热泵的基本原理。

实验目的

了解、观察珀尔帖效应。

实验原理

半导体制冷器是由半导体组成的一种冷却装置，于 1960 左右才出现。如图 31-1 所示是由 X 及 Y 两种不同的金属导线所组成的封闭线路。

通上电源之后，冷端的热量被移到热端，导致冷端温度降低，热端温度升高，即产生珀尔帖效应。

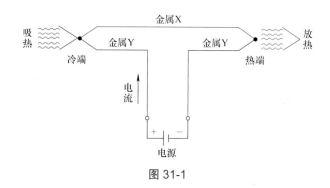

图 31-1

金属导体的珀尔帖效应十分微弱，对制冷没有实用价值。最近几十年来，由于半导体技术的发展，它才成为一种有效的制冷方式，称为半导体制冷。

如图 31-2 所示，半导体电偶由 P 型半导体和 N 型半导体组成，外电场使 P 型半导体中的空穴向接头处运动，也使 N 型半导体内的电子向接头处运动，在接头附近发生复合，电子与空穴复合前的动能变成了节点处的晶格的热振动能量，于是接头处就有热量放出来，使接头处变热。如果电流方向反过来，电子 - 空穴对离开接头，则在接头附近要产生电子 - 空穴

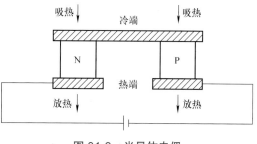

图 31-2　半导体电偶

对，其能量来自晶格的热能，于是接头处发生吸热变冷。

一个半导体电偶产生的制冷效应一般为 1.163W，仍然较小。如将 10 个半导体电偶对串联组成热电堆，就可以获得较大的制冷量，如图 31-3 所示。

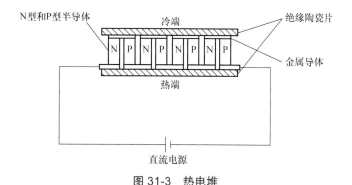

图 31-3　热电堆

半导体制冷器的结构由许多 N 型和 P 型半导体颗粒交错排列而成，而 N、P 之间以一般的导体相连接而成，形成完整线路，通常是铜、铝或其他金属导体。最后由两片陶瓷片像夹心饼干一样夹起来，陶瓷片必须绝缘且导热良好，外观如图 31-3 所示，看起来像三明治（图 31-4 为实物图）。

图 31-4　实物图

半导体制冷材料：不仅需要 N 型和 P 型半导体特性，还要根据掺入的杂质改变半导体的温差电动势率、导电率和导热率，使这种特殊半导体能满足制冷的要求。目前国内常用材料是以碲化铋为基体的三元固溶体合金，其中 P 型是 Bi_2Te_3-Sb_2Te_3，N 型是 Bi_2Te_3-Bi_2Se_3，采用垂直区熔法提取晶体材料。

半导体制冷装置不需要机械传动部分，体积小，无噪声，无磨损，运行可靠，维修方便，冷却速度快，易于控制。这些优点使它多用于那些不便使用机械制冷装置的场所。例如，可作为计算机、石英晶体振荡器、激光发光体和电视摄像管等设备中的电子器件冷却器；可作为用热电偶测温的半导体人工零点仪（使冷节点温度稳定保持为 0℃）和测量空气露点湿度的半导体露体湿度仪等测量仪表所需要的冷源；还可以用于精密机床的油箱冷却器及低温医疗用的"冷刀"等。此外，用半导体制冷器件制成的热泵，只需改变电流方向就可切换为制冷或制热，控制十分方便。其最大的优点是可以把温度降至室温以下和高可靠性：制冷组件为固体器件，无运动部件，因此失效率低，寿命大于 20 万小时。与机械制冷系统不一样，半导体制冷器件制成的热泵在工作时不产生噪声。

在使用半导体制冷装置时，应防止碰撞和剧烈振动。通电以前，应先将热端冷却，并开通风机或通冷却水，以防止热端温度过高（不超过 60℃）烧坏电堆。

实验仪器

实验仪器如图 31-5 所示，其中，测温传感器红线接 +5V 接线柱、黑线接⊥接线柱，黄线接 INPUT 接线柱。

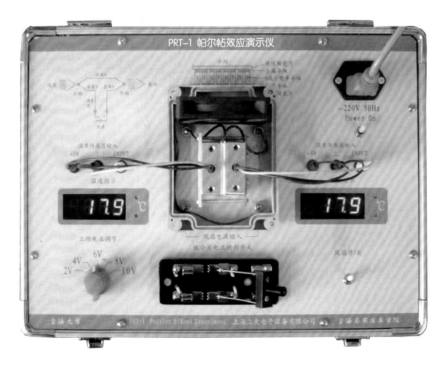

图 31-5　实验仪器

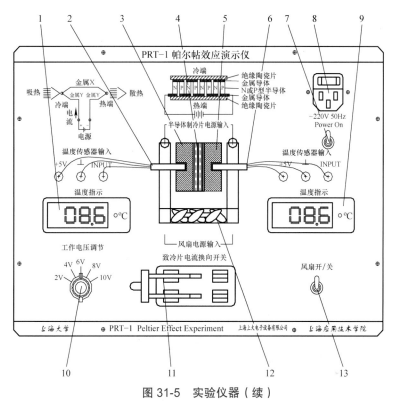

图 31-5　实验仪器（续）

1—左温度显示窗　2—左测温传感器　3—左导热铝块　4—半导体制冷块

5—右导热铝块　6—右测温传感器　7—电源开关　8—输入电源插座　9—右温度显示窗

10—半导体制冷片工作电压选择开关　11—半导体制冷片电流方向选择闸刀　12—散热风扇　13—风扇开关

实验内容

1. 断开双刀双掷闸刀，即断开半导体制冷片的电源。

2. 接通仪器电源，预热仪器 3~5min。左、右数码管窗显示温度。可通过其右面的小孔调节，在常温下，显示值接近或相差 < 0.5℃可开启风扇。

3. 调节输出电压为 6V（电压越大，流过半导体制冷块电流越大，效果越明显。）

4. 向右接通双刀双掷闸刀，关掉风扇，约 1min 后，明显可见右数码窗显示的温度渐渐上升，左数码窗显示的温度渐渐下降，可用手感觉半导体片左、右导热铝块明显的温差现象。

5. 断开双刀双掷闸刀，即断开半导体制冷片的电源，开启风扇。约 10min 后，可见左、右数码管窗显示的温度回到原来的温度且较接近。

6. 向左接通双刀双掷闸刀，关掉风扇，约 1min 后，明显可见左数码窗显示的温度渐渐上升，右数码窗显示的温度渐渐下降，可用手感觉半导体片左、右导热铝块明显的温差现象。

7. 可调节输出电压感觉温度变化的快慢和温差的大小。

实验三十二　多普勒效应

实验目的

1. 观察多普勒效应。
2. 了解多普勒效应。

实验仪器

实验装置如图 32-1 所示，由驻极体扬声器、绳子组成，附加干电池和开关。

图 32-1　多普勒效应演示仪

实验原理

1. 从频率角度分析

当声源靠近观察者时，频率变高；反之频率变低。

（1）声源（频率为 f_0）以速度 u 向观察者靠近，声音的传播速度为 v，则观察者测出声音的频率为

$$f = \frac{v}{v-u} f_0 \tag{32-1}$$

可见，声源接近观察者时，声音的频率升高了，声音变尖了。

（2）声源（频率为 f_0）不动，观察者以速度 u_1 向声源靠近，声音的传播速度为 v，则观察者测出声音的频率为

$$f = \frac{v+u_1}{v} f_0 \tag{32-2}$$

（3）声源（频率为 f_0）以速度 u 向观察者靠近，声音的传播速度为 v，观察者同时以速度

u_1 向声源靠近，则观察者测出声音的频率为

$$f = \frac{v + u_1}{v - u} f_0 \tag{32-3}$$

2. 从描述波的图形来分析

二维波的数学构成可表示为两个平面坐标 x、y 及时间 t 的某个函数。以在坐标原点处向静止水中投入一个小木块为例，该木块以简谐振动的形式上下沉浮，则在水平面上产生一个向各个方向扩展的正弦波，在任一点（x，y）和任一时刻 t，波的振动幅度由下式给出：

$$A(x, y) = \frac{S}{\sqrt{x^2 + y^2}} \sin \frac{2\pi}{\lambda} (\sqrt{x^2 + y^2} - ct) \tag{32-4}$$

式中，S 表示波源的强度；λ 是波长；c 表示波速。如果点波源在 xy 平面上位置不变，且令 $t=0$，则式（32-4）简化为

$$A(x, y) = \frac{S}{\sqrt{x^2 + y^2}} \sin \frac{2\pi}{\lambda} \sqrt{x^2 + y^2} \tag{32-5}$$

实际上，在点波源在 xy 平面上位置不变且波源与观察者相对静止的情况下可得到图 32-2a。如果波源与观察者是相对运动的，那么就出现观测频率与波源频率不一致的现象，如图 32-2b 所示。

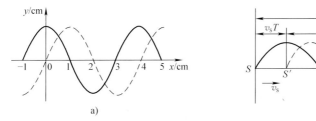

a)　　　　　　　　　　b)

图 32-2　波源与观察者相对情况

实验内容

如图 32-1 所示，打开扬声器开关，手抓住绳子一端，以手为中心，旋转扬声器，在旋转过程中，当扬声器迎来和离去时，能听到不同的音调。扬声器迎面而来时听到的声音不仅越来越响而且越来越尖，远离而去时，听到的声音正好相反。

注意事项

观察者应靠演示者近些并且要注意安全。

思考题

1. 试分析火车进站和出站时汽笛声调的不同。
2. 理解多普勒声呐、多普勒血流计、医用超声波成像诊断仪的物理原理。

实验三十三　大型混沌摆

实验原理

　　一个动力学系统，如果描述其运动状态的动力学方程是线性的，则只要初始条件给定，就可预见以后任意时刻该系统的运动状态。而在非线性系统中存在一种特殊的运动状态，它对初始条件的微小扰动具有很强的敏感性，因而很难预测以后的运动状态，这种现象称为混沌。如果一个物理系统中一部分与另一部分之间存在非线性相互作用，其中一部分的运动就可能出现混沌现象。

实验仪器

　　大型混沌摆如图 33-1 所示。

图 33-1　大型混沌摆

实验方法

　　旋转把手，系统开始运动，运动情况复杂，前一时刻难以预测后一时刻的运动状态。重新启动，由于初始状态的不同，系统的运动情况就差别很大，这反映了系统运动的混沌性质。

思考题

　　如何理解蝴蝶效应？

实验三十四　斯特林热机（二）

实验目的

了解热力学循环过程。

实验仪器

斯特林热机如图 34-1 所示。

图 34-1　斯特林热机

实验原理

斯特林热机对应的热力学循环过程如图 34-2 所示，ab 为等温压缩，工作气体的温度不变，但是压强增大；bc 为等容加热，从热水获得热能；cd 为等温膨胀，工作气体的温度不变，但压强减小；da 为等容冷却，将热排至环境。r 为压缩比。所以，斯特林热机其实是由两个等温过程及两个等容过程组成的热力学循环。值得注意的是，在 T_1 和 T_2 相差不大的情况下，斯特林热机的效率可用最佳的卡诺循环 $\eta = 1 - T_2/T_1$ 估算。

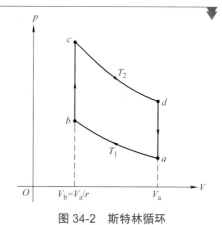

图 34-2　斯特林循环

实验内容

将组装成的斯特林引擎放在一杯热水上，稍等一会儿，待热传导至引擎室的下方，此时稍微转动飞轮，引擎即开始运作，接下来就是靠着热水提供的能量持续转动。

注意事项

斯特林热机引擎室要求干净，注意及时清理灰尘及杂物。

实验三十五　叶轮转动阴极射线管

实验原理

　　阴极射线是人们在进行低压气体放电研究的过程中发现的。当在装有两个电极并被抽真空后的玻璃管（克鲁克斯管）上加上较高的电压时，会发生气体辉光放电现象，而且从阴极发射出一种射线，被称为阴极射线，阴极射线能使小叶轮转动。限于近代物理的发展，当时对阴极射线的认识存在不同的看法，汤姆逊认为阴极射线是一种带电的粒子流，并通过实验确定了阴极射线粒子是带负电的电子。

实验仪器

　　如图 35-1 所示，在阴极射线管内有一个可以沿玻璃槽滚动的叶轮，叶片上涂有荧光材料。

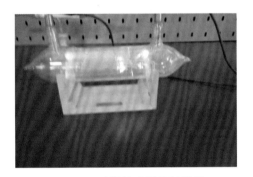

图 35-1　叶轮转动阴极射线管

实验方法

　　打开高压电源，叶轮上的荧光物质被照亮，出现彩色纹路，叶轮从负极向正极方向滚动。如果将两电极极性调换，叶轮的滚动方向也随之改变。

注意事项

　　高压电场危险，操作过程中只能触碰绝缘部分，切勿接触金属部分。

思考题

　　阴极射线在磁场中如何偏转？

实验三十六　　旋转磁场演示

　　磁感应强度 **B** 的大小是不随时间变化的恒量，而 **B** 的方向则以匀角速度 ω 旋转，这样的磁场称为单相旋转磁场。除了三相交流电可以产生旋转磁场外（如三相异步电动机），单相交流电也可以产生旋转磁场（在线圈上串接电容），如电风扇或某些冰箱压缩机上的电动机。利用单相交流电产生的旋转磁场制造的单相电动机具有振动轻，噪声小，起动转矩大，成本低，旋转方向控制简便，只需提供单相交流电等优点。

　　为了深入研究实验现象和实验安全，RM-Ⅰ旋转磁场实验仪用频率可调的正弦信号输出功率源，代替 50Hz 单相交流电，频率调节范围为 12.00~205.00Hz，由数码管显示，仪器设有三位半交流数字电流/电压表，实验时根据实验要求可监测交流电流或交流电压。另外，实验装置箱中设有电容组，通过按钮开关可改变实验外接电容，电容变化范围为 0.22~39.79μF。

实验目的

1. 通过实验对旋转磁场、单相电容运转电动机、串联谐振中电压相位关系有初步了解。
2. 利用单相交流电产生的旋转磁场使金属导体旋转。

实验原理

　　如图 36-1 所示，两个相同线圈 L_1 与 L_2 相互垂放置，电感量相同，并且分别通有电流 I_1 与 I_2，选择合适的电容 C，使 I_1 与 I_2 相位差为 90°，这时通电线圈 L_1 与 L_2 产生的磁场在 A 处叠加后为一个旋转磁场。如果在 A 处放一个金属导体，则根据电磁感应定律，在金属导体表面将产生感应电流，此电流在旋转磁场中产生一个转矩，使金属导体旋转。在单相电容运转电动机中把与电容相接的线圈称为副绕组，而另一线圈称为主绕组。

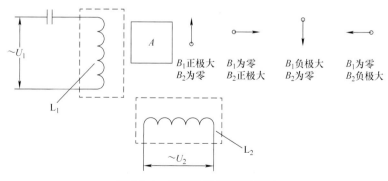

图 36-1　旋转磁场原理示意图

　　为使电流 I_1 与 I_2 相位差为 90°，必须选择电容器 C 电容量为

$$C = \frac{L}{R^2 + (\omega L)^2} \qquad (36\text{-}1)$$

式中，ω 是交流电的角频率；L 是两线圈的电感量；R 是电感器上的损耗电阻，在频率高时，可用它的直流电阻代替。

实验仪器

RM-1 旋转磁场实验仪如图 36-2 所示。

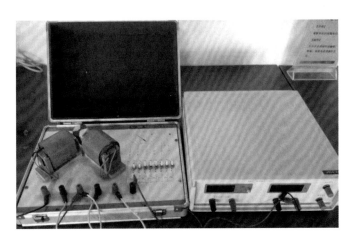

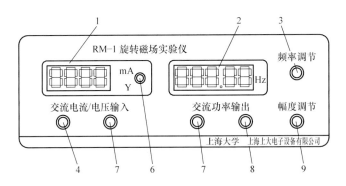

图 36-2   RM-1 旋转磁场实验仪

1—三位半交流电流 / 电压表   2—交流功率输出频率显示窗   3—输出频率调节   4—电流 / 电压输入 – 接线柱
5—电流 / 电压输入 + 接线柱   6—电流 / 电压测量转换开关   7—交流功率输出 - 接线柱
8—交流功率输出 + 接线柱   9—输出幅度调节

实验内容

1. 谐振法测电感

如图 36-3 所示接线，实验仪的电流 / 电压表开关打向电流，即处于电流测量状态。用万用表测出待测电感直流电阻（这里用直流电阻近似代替电感上的损耗电阻），选择一个已知电容为 $2\,\mu\mathrm{F}$ 的电容器与待测电感相串联，调节实验仪交流输出的频率，测出最大电流（控制在

$500\mu A$ 之内）所对应的频率 f_0 值。实验时可调节输出幅度。

2. 选择电容

根据式（36-1）算出电容 C 值（注意公式 $\omega=2\pi f$ 中 f 为交流电压可调电源的频率，$f=50Hz$，f 与 f_0 不要混淆）。找出符合要求的电容器，按图 36-2 接入线圈 L_2 电路中去。

3. 观察现象

调节输出频率 50Hz，调节输出幅度，观察铝桶的旋转情况。记录不同电压对应的铝桶旋转速度。将电容器容量增加或减小，再观察铝桶旋转的快慢情况。记录不同电容器容量对应的铝桶旋转的最低电压。

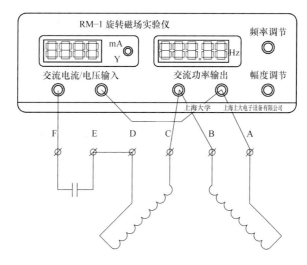

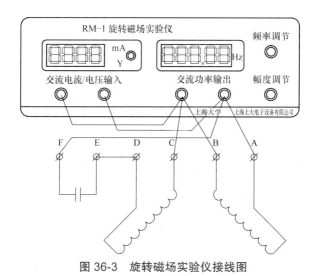

图 36-3　旋转磁场实验仪接线图

思考题

磁场 B_1 与 B_2 在 A 处叠加后为什么会产生旋转磁场 B？如果 Φ_1 与 Φ_2 不等于 $90°$，在 A 处是否会产生旋转磁场？

实验三十七
激光指示手蓄电池对抗

实验原理

金属内电子脱离金属表面的束缚所需的功称为该金属的逸出功。不同的金属有不同的逸出功。两种不同的金属互相接触时，逸出功小的金属将失去电子而电位升高，逸出功大的金属将获得电子而电位降低。结果两种金属之间就形成了电位差，称为接触电位差。接触电位差会引起电荷的定向移动和聚集，因而逸出功大小不同的材料可用作电池的电极。铝逸出功小为电池的负极，铜为正极，人体相当于电解质。两金属板通过人体连接构成了一个等效电池，如图37-1所示。

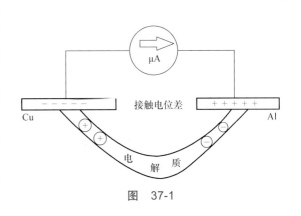

图　37-1

实验仪器

实验装置图如图37-2所示。

本仪器由两套手蓄电池并接一个检流计构成，一边的铜板和铝板与检流计正接，另一边的铜板和铝板与检流计反接，可一人使用，亦可两人共用，对抗比赛。

所用激光反射式检流计由光点反射式灵敏检流计改装而成，其中小型固体激光器替代小电珠，光路调整后激光束经多次反射从检流计顶部射出，而后激光束射至有机玻璃显示屏。微弱的电流流经检流计时，在有机玻璃显示屏上可观察到激光束的偏移，恰似一根长长的"光指针"，微电流的指示效果更明显直观。

图 37-2　实验装置图

实验方法

1. 一人将双手放在铜板和铝板上，观察激光指针电流计的偏转。
2. 两人同时将双手放在铜板和铝板上，观察激光指针电流计的偏转。

思考题

比较分析手的湿润程度对产生电流的影响。

实验三十八 雅格布天梯

实验原理

给存在一定距离的两电极之间加上高电压，当两极间的电场达到了空气的击穿电场时，两电极间的空气被击穿，并产生大规模的放电，形成气体的弧光放电。

雅格布天梯中的两电极构成一梯形，下端间距小，因而电场强度大，此处空气先被击穿。接着弧光区逐渐上移，犹如爬梯一般，当升至一定高度时，由于两电极间距过大，极间电场强度太小不足以击穿空气，弧光因而熄灭。

实验仪器

雅格布天梯演示仪如图 38-1 所示。

图 38-1 雅格布天梯演示仪

实验方法

打开电源，观察弧光的产生、移动及消失。

思考题

两电极间的夹角对电弧的上升有什么影响？

实验三十九
带电粒子在磁场中的偏转

实验原理

运动的电荷在磁场中将受到与速度垂直的洛伦兹力而发生偏转。阴极射线管也被称为克鲁克斯管，是具有阴极和阳极的高真空玻璃管，两电极间加上静电高压时，从阴极发射电子，经铝板狭缝成为电子束，向阳极运动。

实验仪器

实验仪如图 39-1 所示。

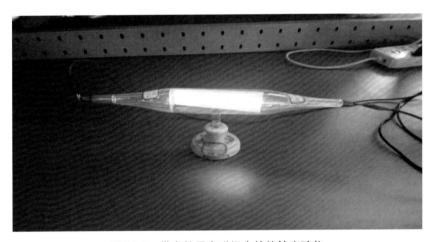

图 39-1 带电粒子在磁场中的偏转实验仪

实验方法

打开高压电源，射线管阴极发出射线即电子束，荧光屏出现一条亮线。将磁铁靠近射线管，观察射线偏转。

思考题

通过什么实验可以确定射线是从阴极射出的？

实验四十　磁悬浮演示

　　磁悬浮在科学技术上具有重大的意义，吸引了大量科学爱好者研究和探索。MSU-1 磁悬浮实验仪是应用电磁感应原理和楞次定律，由交流电通过线圈产生交变磁场，交变磁场使闭合的导体产生感生电流，感生电流的方向总是使自己的磁场阻碍原来磁场的变化，因此线圈产生的磁场和感生电流的磁场是相斥的，若相斥力超过重力，可观察到磁悬浮现象。

　　本实验仪由三位半数字电压表 / 电流表显示输入线圈的交流电压和通过线圈的交流电流，由换档开关切换线圈输入电压，电压变化范围：16~24V。仪器设有输出短路保护断路器，因此使用安全，操作简单，是研究电磁感应现象，拓宽学生视野，启发创造性思维的新型物理实验教学仪器。

实验目的

　　1. 利用实验现象加深对电磁感应原理和楞次定律的理解。
　　2. 利用磁场和感生电流的磁场的相互排斥作用，实现磁悬浮现象。

实验原理

　　1. 电磁感应：当通过回路的磁通量发生改变时，就会产生电磁感应现象，产生感应电动势，若回路闭合，则会产生感应电流，且产生的感应电动势满足法拉第电磁感应定律。

　　2. 法拉第电磁感应定律：回路中的感应电动势 ε 与通过该回路的磁通量 Φ 的时间变化率成正比，即 $\varepsilon = -\mathrm{d}\Phi/\mathrm{d}t$。对于导体回路是 N 匝线圈，定义全磁通：$\Psi = \sum_{i=1}^{N} \Phi_i$，其中 Φ_i 为通过第 i 匝线圈的磁通量。对于各匝线圈磁通量相同的特别情形，则有 $\varepsilon = -N\mathrm{d}\Phi/\mathrm{d}t$。

　　3. 楞次定律：感应电流的效果总是反抗引起感应电流的原因。
　　4. 安培定律：通电导线在垂直磁场中会受到力的作用，满足 $F=IBL$。
　　5. 麦克斯韦的涡旋电场理论：随时间变换的磁场在其周围产生电场，并且感应电场的环流不为零，而等于感应电动势，即 $\varepsilon = \oint_l \boldsymbol{E} \cdot \mathrm{d}\boldsymbol{l} = -\iint_S \dfrac{\partial \boldsymbol{B}}{\partial t} \cdot \mathrm{d}\boldsymbol{S}$。

实验仪器

　　磁悬浮演示仪如图 40-1 所示。

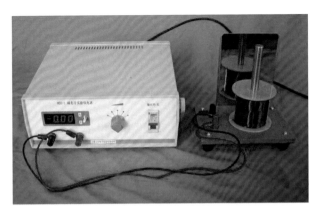

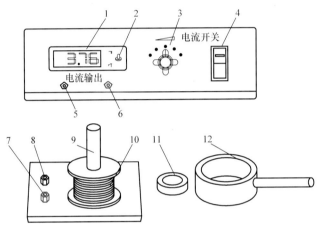

图 40-1　磁悬浮演示仪

1—交流电流/电压指示窗　2—电流/电压指示换档开关　3—输出电压调节换档开关　4—输出开关（短路保护）
5—输出接线柱　6—输出接线柱　7—线圈输入接线柱　8—线圈接线柱　9—线圈铁心棒　10—线圈，约 550 圈
11—磁悬浮圆环铝-铁-紫铜-黄铜-塑料　12—共振用大铝环

实验内容

1.跳环实验：一只紫铜环或小铝环套在线圈铁心的软铁棒上，接通线圈接线柱，合上输出开关，打开电源后盖板上电源开关，显示窗显示电源电压或输出电流，调输出电压调节换档开关由断开（水平）转向最高输出电压（约 24V），可见到小铝环突然脱离软铁棒，飞出一定高度。

2.浮环实验：调输出电压调节换档开关在 16~24V，放铝环等材料的环于线圈铁心棒上，观察环的悬浮现象。可记录相同电压下的悬浮高度，以及相同材料在不同电压/电流时的高度。

3.双铝环实验：将小铝环套在线圈铁心棒上，逐渐增加电压，使小铝环上升到离线圈 5~7cm 时，用手拿住另一只小铝环，慢慢套入软铁棒，当这只小铝环距离原来的小铝环约 2cm 时，它会将下面的小铝环吸上来，合二为一，松手后一起做上下运动。

4.黄铜环-铝铜环-紫铜，双环和三环实验：间隔不同材料进行实验。

5.点亮发光管实验：试从不同高度观察发光管的发光亮度。

6.共振实验：当一只小铝环悬浮在软铁棒上离开线圈 5~7cm 时，用大铝环套在小铝环外，并拿着大铝环的柄做上下运动（要求沿着软铁棒，不要碰着小铝环）。此时小铝环受到大铝环的吸引力也会跟着大铝环做上下运动。改变大铝环上下运动的频率，使小铝环上下运动幅度越来越大，直至跳出线圈铁心棒。

实验现象

实验现象如图 40-2 所示。

图 40-2　磁悬浮现象

思考题

1. 根据电磁感应的三个定理，你能解释上述四个实验的结果吗？
2. 如果将小铝棒沿轴线开一条小缝，上述实验结会怎样？为什么？
3. 如果将小铝环改为小铜环或小木环，结果会怎样？为什么？

实验四十一　　激光窃听

随着科技的发展，激光越来越多地被运用到了人类的生活与军事当中，伴随而来的激光窃听技术也正在逐步发展并完善。看似复杂的技术原理其实很简单，人们说话时能引起周围空气的振动，空气的振动又能导致某些固体物质的微小振动。如果激光照射到能反光的振动物体如镜子、玻璃上，被反射回来的激光束就会夹杂着声音的信息，经过一个特殊的装置，就可以把激光束所含的声音的信息分拣出来，还原为声音。

实验目的

了解激光窃听技术及实现方法。

实验原理

本实验采用激光技术进行窃听。若要听到周围戒备森严而人不可能接近的房间里的讲话声，可以用一束看不见的红外激光打到该房间的玻璃窗上，由于讲话声引起玻璃窗的微小振动，使激光在玻璃窗上的入射点和入射角都发生变化，因而接收到激光光点的位置发生变化（变化情况和讲话信号基本一致），然后用光电池把接收到激光信号转换成电信号，经过放大器放大并动去除噪声，通过扬声器还原为声音。

在实验室，我们用可见的半导管激光模拟这种激光窃听的方法，如图41-1所示。取一个装有玻璃窗的木箱，箱内放收音机，在玻璃外贴一块小镜子，使激光照射在镜子上，收音机播音时，木箱玻璃振动，使激光反射光的光斑发生移动，照射在硅光电池上的光点面积发生变化。调节硅光电池的位置，使光斑移动时照射在硅光电池上的光点面积发生相应的变化，从而引起硅光电池输出电压的变化，把这个电压变化经放大器放大，通过扬声器就能听见声音。

图 41-1　激光窃听演示仪

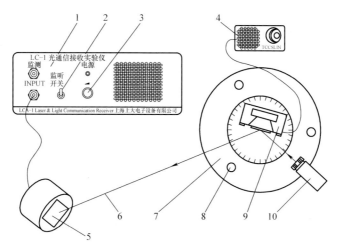

图 41-1　激光窃听演示仪（续）

1—接收仪　2—监听开关　3—音量调节　4—收音机　5—硅光电池　6—光路　7—底盘
8—水平调节　9—带镜子的木箱　10—激光器

实验器材

装有玻璃窗的木箱、收音机、小镜子、激光器、硅光电池、LCR-1 光通信接收实验仪。

实验内容

1. 把小镜子贴在木箱玻璃上。

2. 让激光照在小镜子上，经反射后照在硅光电池（硅光电池和 LCR-1 光通信接收实验仪相连），然后敲击玻璃，在扬声器上应能听到敲击声。

3. 打开箱内扬声器，仔细调节硅光电池和光斑之间的位置，直到在 LCR-1 光通信接收实验仪的扬声器中能听到收音机播放的声音。拉开木箱和硅光电池的距离，直到听不到声音为止，测量出距离。

4. 让激光束照射在木箱玻璃上，重复以上实验。

5. 改变激光入射角，重复以上实验。

思考题

1. 在实验中，入射角取大些或取小些，各有什么优缺点？为什么？

2. 激光器离开玻璃窗的远近及硅光电池离开玻璃窗的远近对实验结果各有什么影响？

3. 用这个方法进行窃听，声音是否有点"失真"，这些"失真"主要是由哪些原因引起的？

4. 根据你的实验结果，试估算一下，玻璃因振动引起的入射角变化和入射点移动究竟有多大？

5. 不用激光，改用其他光源（如电灯光），也可用来窃听吗？

实验四十二　电光调制

　　激光是一种光频电磁波，具有良好的相干性，与无线电波相似，可用来作为传递信息的载波。激光具有很高的频率（$10^{13} \sim 10^{15}$Hz），可供利用的频带很宽，故传递信息的容量很大。再有，光具有极短的波长和极快的传递速度，加上光波的独立传播特性，可以借助光学系统把一个面上的二维信息以很高的分辨率瞬间传递到另一个面上，为二维并行光信息处理提供条件。所以激光是传递信息的一种很理想的光源。电光效应在工程技术和科学研究中有许多重要应用，它有很短的响应时间（可以跟上 10^{10}Hz 的电场变化），可以在高速摄影中作快门或在光速测量中作光束斩波器等。在激光出现以后，电光效应的研究和应用得到迅速发展，电光器件被广泛应用在激光通信、激光测距、激光显示和光学数据处理等方面。

实验目的

　　1. 了解电光效应的原理。
　　2. 进行电光调制的光通信模拟实验。

实验原理

　　当晶体上加电场后，该晶体的折射率发生变化，这种现象称为电光效应。晶体电光调制演示仪是根据电光效应原理，采用铌酸锂晶体的横向调制方式做成的。图 42-1 是晶体电光调制演示仪的原理示意图。

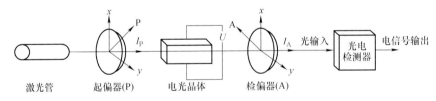

图 42-1　晶体电光调制演示仪原理示意图

　　图中起偏器的透振方向平行于晶体的 x 轴，且与检偏器正交，入射光束沿 z 轴（光轴）方向传播，电场方向平行于 x 轴（垂直于光传播方向），x'、y' 为晶体的感应轴，与 x、y 轴成 $45°$ 角。当光透过长为 l 的晶体后，x'、y' 两分量之间产生的相位差为 δ，那么相应两个分量的复振幅可写成

$$E_{x'}(l)=A, \quad E_{y'}(l)=A\mathrm{e}^{-\mathrm{i}\delta} \tag{42-1}$$

　　通过检偏器出射的光，是该分量在 y 轴上的投影之和：

$$(E_y)_0 = \frac{A}{\sqrt{2}}(\mathrm{e}^{-\mathrm{i}\delta} - 1)$$

其对应的输出光强 I_x 可写成

$$I_x \propto (E_y)_0 \cdot (E_y)_0^* = \frac{A^2}{2}[(e^{-i\delta}-1)(e^{i\delta}-1)] = 2A^2 \sin^2 \frac{\delta}{2} \tag{42-2}$$

光强透过率

$$T = \frac{l_1}{l_i} = \sin^2 \frac{\delta}{2} \tag{42-3}$$

其中

$$\left. \begin{array}{l} \delta = \dfrac{2\pi}{\lambda}(n_x' - n_y')l = \dfrac{2\pi}{\lambda}n_0^3 r_{22} V \dfrac{l}{d} \\[2mm] n_x' = n_0 + 1/2n_0^3 r_{22} E \\[2mm] n_y' = n_0 - 1/2n_0^3 r_{22} E \end{array} \right\} \tag{42-4}$$

式中，n_0 和 r_{22} 分别为晶体的 o 光折射率和电光系数；V 为所加的直流电压。由此可见，δ 和 V 有关，当电压增加到某一值时，x'、y' 方向的偏振光，经过晶体后产生 $\lambda/2$ 的光程差，相位差 $\delta = \pi$，$T = 100\%$，这一电压叫半波电压，通常用 V_π 或 $V_{\lambda/2}$ 表示。由式（42-4）

$$V_\pi = \frac{\lambda}{2n_0^3 r_{22}}\left(\frac{d}{l}\right) \tag{42-5}$$

由式（42-4）和式（42-5）知 $\delta = \pi \dfrac{V}{V_\pi}$，因此，将式（42-3）改写成

$$T = \sin^2 \frac{\pi}{2V_\pi}V = \sin^2 \frac{\pi}{2V_\pi}(V_0 + V_m \sin\omega_m) \tag{42-6}$$

式中，V_0 是直流偏压；$V_m\sin\omega t$ 是交流调制信号；V_m 是其振幅；ω_m 是调制频率。从式（42-6）可看出，改变 V_0 或 V_m，输出特性将相应有变化。对单色光，$\dfrac{\pi}{2V_\pi}$、$V_m \ll V_\pi$ 时，由式（42-6）：

$$T \approx \frac{1}{2}\left[1 + \left(\frac{\pi V_m}{V_\pi}\right)\sin\omega_m t\right] \quad 即 \quad T \propto V_m \sin\omega_m t \tag{42-7}$$

这时调制器输出波形的频率和调制信号的频率相同，即线性调制。这就是晶体电光调制的原理。如果不满足上面两个条件，输出波形将失真。

实验仪器

本仪器主要由调制电源、调制器和接收放大器三个主要部分组成，如图 42-2 和图 42-3 所示。

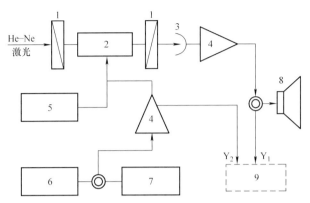

图 42-2　实验仪器组件

1—偏振器　2—铌酸锂电光晶体　3—3DU 光电三极管　4—放大器　5—直流电源　6—音乐片
7—正弦波振荡器　8—扬声器　9—双线示波器

图 42-3　电光调制仪

1. 晶体电光调制电源

调制电源由连续可调的直流电源、单一频率振荡器（振荡频率约为 1kHz）、音乐片和放大器组成，电源面板上有三位半数字表，可显示直流偏压值。调制信号可由机内振荡器或音乐片提供，也可以由外部通过后面板上的"输入"插孔输入任意电信号。此调制信号是用装在面板上的"信号选择"键，选择三个信号中的任意信号。通过前面板上的"输出"，插孔输出的参考信号，接到双线示波器上与输出信号比较，观察调制器的输出特性。

2. 调制器

调制器由三个可旋转的偏振片和一块铌酸锂晶体组成，采用横向调制方式。晶体放在两个正交的偏振片之间，起偏器和晶体的 x 轴平行。起偏器前的偏振片是调节输入光强用的。晶体固定在四维调节架上，可精细调节，使光束严格沿光轴方向通过晶体。

3. 接收放大器

接收放大器由 3DU 光电三极管和功率放大器组成。光电三极管把被调制的氦氖激光经光电转换，输入到功率放大器上，放大后的信号接到双线示波器，同参考信号（由电源面板上的"输出"插孔输出）比较，观察调制器的输出特性。放大器内装有扬声器，用来再现调制信号的声音。

实验内容

（一）仪器调节

1. 晶体的安装。用棉花球蘸少许酒精擦净放晶体处的下电极，然后放晶体和铝电极，最后用弹簧片固定。

2. 调制电源后面板上的输出，接到调制器后面板上，光电三极管的插头插在放大器后面的插孔中。

3. 打开 He-Ne 激光电源，调 He-Ne 激光管和晶体位置，使 He-Ne 激光通过晶体的中心和偏振片的中心。

4. 紧靠晶体前面放一张镜头纸，接收器前面放一白屏。旋转两个偏振片使之正交，起偏器平行于晶体的 x 轴。这时屏上可看到会聚偏振光的干涉图形，根据光干涉图中"暗十字"判断偏振片的透振方向，暗十字线分别对应于起偏器或检偏器的透振方向。

5. 仔细调节晶体的位置，调出清晰的暗十字线，使 He-Ne 激光光点正好打在暗十字的中心。通过以上的操作，光路已基本调好。

（二）演示内容

1. 电光效应和会聚偏振光干涉的演示。接收器前放白屏，晶体上不加电压时，屏上出现单轴晶体的会聚偏振光干涉条纹；晶体上不加交流信号，只加直流电压时，屏上出现双轴晶体的会聚偏振光干涉条纹。加电场前后，干涉条纹的变化反映了晶体内部折射率分布的变化。这就晶体的电光效应。

2. 交流调制输出特性的演示。把调制电源前面板上的输出接到双线示波器（用户自备）的 Y_1 上，接收放大器的交流输出接到示波器的 Y_2 上，此信号同 Y_1 上的参考信号做比较。观察演示仪的交流调制输出特性，晶体上交、直流信号同时加上，当适当改变其大小时，可演示出线性调制和失真的非线性调制波形。

3. 激光通信的演示。

① 旋转减光片（起偏器和检偏器不动，始终要保持正交），把输入光强减弱，接收器对准暗十字线的中心。

② 打开电源，按下电源面板上的"音乐"键。直流电压加到 80V 左右，适当调节调制幅度、放大器的输出大小，能够听到不失真的声音为止（或把调制信号改用正弦信号，放大器的输出接到示波器上，重复上面的操作，示波器上能够看到不失真的波形）。

③ 晶体上的直流电压固定，把接收器逐渐移远，取出晶体前的镜头纸，与此同时适当增加输入光强和调制幅度，通过遮光和照光，生动地演示激光通信的原理，也可以用光缆（用户自备）把调制器的输出光和接收器连接起来，实现模拟激光光纤通信。

注意事项

1. 半导体激光器输出的光是线偏振光，调整光路时不要随意转动它。

2. 光电三极管是半导体器件，应避免强光照射，以免烧坏。做实验时，光强应从弱到强，缓慢改变，尽可能在弱光下使用，这样能保证接收器光电转换时线性输入。

3.调制晶体易碎，要轻拿轻放。若两端面和电极上落灰，不能用力擦。电极是铝膜，要注意保护。若长期不用，晶体应放在干燥瓶内保存。

4.压在晶体上的铝电极表面易氧化，使用前将其氧化层擦掉，保持良好的导电性，弹簧片不能压得太紧，以免压断晶体或给晶体施加应力。

5.直流偏压的极性通过面板上的琴键开关可以转换。因此，偏压的负端也不能接地。

6.仪器应放在清洁、干燥处保存，不宜在潮湿环境中使用。

思考题

1.纵向电光调制的原理是什么？其半波电压的表示形式又是什么？

2.相比纵向电光调制，横向电光调制的优点是什么？

3.横向电光调制如何消除自然双折射的影响？

实验四十三
家用冰箱空调制冷系统原理

实验目的

演示家用冰箱、空调制冷系统原理。

实验原理

1.家用冰箱制冷系统原理

干燥的低温低压的气态制冷剂（例如 F-12 氟立昂蒸气）经压缩机绝热压缩为高温高压的过热蒸气，进入冷凝器（又称散热器）冷却，降压后将热量传递给周围，冷凝为比室温稍高的液态，流经储液罐，再经过节流阀降温进入冷冻室，在冰室（又称蒸发室）内 F-12 氟立昂迅速汽化，从冰室吸取汽化热使冰室温度下降。流出蒸发室的 F-12 氟立昂又成为干燥蒸气，再进入压缩机进行下一个循环，如图 43-1 所示。

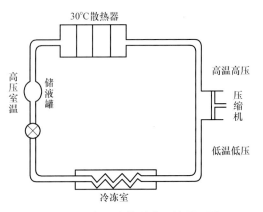

图 43-1　家用冰箱制冷系统原理图

2.家用空调制冷系统原理

制冷时，高温高压的制冷剂蒸气在冷凝器中（被安在室外）释放热量冷却，热量被周围空气吸收，热空气由风机排出，在蒸发器（被安放在室内）中制冷剂迅速汽化吸收周围空气热量，冷空气被风扇排开弥散至整个室内，如图43-2a所示。

制热时，调节电磁转向阀的转向，使制冷机的流动方向发生变化，沿反方向流动，此时，蒸发器变为冷凝器，高温高压的制冷剂蒸气在冷凝器中放出热量，冷却热空气由排风扇排开，达到采暖目的，如图43-2b所示。

注意流程演示：压缩机吸、排气口位置并未改变。

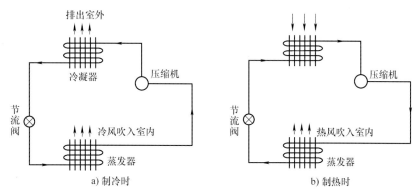

图43-2　家用空调制冷系统原理

实验仪器

冰箱空调制冷系统如图43-3所示。

图43-3　冰箱空调制冷系统

实验内容

1.空调选择受控制冷。

2.打开总电源，左键控制空调，右键控制冰箱，中间键控制演示板。

3.观察系统流程，拨动演示板上的开关，观察各部分工作演示。

实验四十四　磁混沌单摆

混沌是从 20 世纪 60 年代开始急剧兴起的一门学科，对混沌的研究已成为当代物理学的热门与前沿课题。混沌是研究非线性动力学系统复杂演化行为的一门学科，其基本理论是经典物理学领域内出现的前沿课题。混沌理论是抽象的，混沌现象却是普遍的。在许多非线性系统中存在着混沌现象，例如非线性振荡电路、受周期力（驱动力和阻尼力）作用的摆、湍流、激光运行系统、超导约瑟夫森系统。

实验目的

1. 了解混沌知识。
2. 观察混沌现象。

实验原理

一百多年前玻耳兹曼将混沌（Chaos）作为科学术语使用。20 世纪 40 年代，维纳在他的论文题目中采用了混沌这一术语，其内涵指的是随机过程所引起的无序状态。近期，混沌这一术语专指决定论系统中的内在随机行为。

为了揭示磁混沌单摆意想不到的奇异行为的原因，可以用在磁铁下的白纸上形成一幅磁场的铁屑图作为参考。拉开摆球到某个位置，沿向下摆动的方向画一个小箭头，以研究一些位置上作用在摆球上的力，存在着这样的位置：小球向左摆还是向右摆是机会均等的。这些左右作用力相等的位置可以连成几条不稳定线，其图形称为"美茜蒂丝 - 本茨星"，是混沌系统的关键特征，即存在略有不同初始位置、微小扰动的冲量以及运动过程中多次通过的不稳定平衡区。

实验仪器

磁混沌单摆仪如图 44-1 所示。

如图 44-2 所示，将长度为 60cm 的铜棒作为支架固定在木制材料的底座上，并在铜棒支架的 50cm 处伸出一长度为 25cm 的铜棒作为横梁，在横梁上悬一长约 45cm 的细绳，绳的另一端系一枚直径为 2.0cm 的小钢球。

图 44-1　磁混沌单摆仪

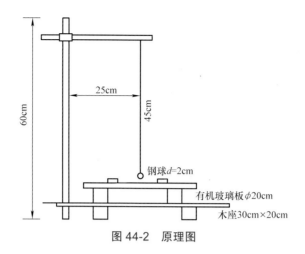

图 44-2 原理图

如图 44-3 所示，三个小磁铁分布在一个平面内，位于正三角形的三个顶点上，磁铁中心离正三角形中心为 4cm，三个小磁铁用环氧树脂固结在圆形有机玻璃板上，并在底板上以方格纸绘制极坐标小磁铁的直径为 2cm、厚度为 3mm，小磁铁采用的是硬磁材料，它的成分为钕铁硼，磁感应强度为 0.22T。

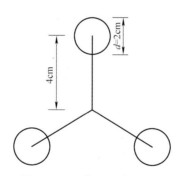

图 44-3 三个小磁铁分布图

实验内容

如图 44-3 所示，将三个扁平形的磁铁固定在正三角形的三个顶点上，N 极（或 S 极）均向上，在正三角形的中心上方悬挂一钢质小球，当小球在三个磁铁的磁场作用下运动时，显现的是一种仿真混沌现象，这就是磁混沌单摆。

注意事项

任意三个磁铁的磁极强度应近似相等，调整磁铁所在的正三角形的中心恰好位于悬线的延长线上，并给予钢球以不同的初始条件，意味着初值敏感性，钢球的运动处于无序和无规则状态，即貌似无规的游荡行为。

实验四十五　磁混沌摆

通过观察磁混沌摆的运动，了解混沌现象出现的原理。

磁混沌摆如图 45-1 所示。

图 45-1　磁混沌摆

　　混沌现象起因于物体不断以某种规则复制前一阶段的运动状态，而产生无法预测的随机效果。具体而言，混沌现象发生于易变动的物体或系统，该物体在行动之初极为清晰，但经过一定规则的连续变动之后，却会产生始料未及的后果，也就是混沌状态。但是此种混沌状态不同于一般杂乱无章的混乱状况，此混沌现象经过长期及完整分析之后，可以从中理出某种规则。混沌现象虽然最先用于解释自然界，但是在人文及社会领域中因为事物之间相互牵引，混沌现象尤为多见，如股票市场的起伏、人生的平坦曲折、教育的复杂过程等。混沌理论认为，在混沌系统中，初始条件十分微小的变化，经过不断放大，会使其未来状态产生极其巨大的差别。自然界中混沌现象很普遍，混沌研究是从 20 世纪 60 年代急剧兴起的一门学科，对混沌的研究成为当代物理学和数学的热门与前沿课题。

对一个动力学系统，如果描述其运动状态的动力学方程是线性的，则只要初始条件给定，就可预见以后任意时刻该系统的运动状态；如果描述其运动状态的动力学方程是非线性的，给定的初始条件稍微有点差异，那么运动状态就有很大的不确定性，其运动状态对初始条件具有很强的敏感性及内在的随机性。磁混沌摆是一个非线性系统，用于演示混沌初始条件敏感性，也就是通常所说的"蝴蝶效应"，它是模仿宇宙间的一个小星体被两个或三个恒星所吸引时产生的混沌运动。开始时虽然释放钢球都尽量一致，但是钢球的运动轨迹有很大的差异，或者说无法由前一个轨迹确定后面的运动轨迹，每次运动轨迹都是不可预见的，这种现象就是混沌现象，这种摆称为混沌摆。实验时，摆如果开始是静止的，那么它受到的下面三个磁铁的合力是确定的，且与重力平衡，它可以静止。但给摆另外施加一作用力，使其小幅摆动，摆受到的三个磁铁作用力随其位置变化而变化，导致摆的运动轨迹非常复杂，或者说不会重复过去的情况，运动呈现典型的混沌状态。

实验内容

1. 用水准仪调节仪器底盘水平。
2. 拉开小球偏离平衡位置，释放小球使其摆动。小球在三个磁铁的合磁场作用下运动时，其轨迹显现无规律的变化，即混沌现象。
3. 描出小球运动轨迹的三个位置，观察以后运动轨迹是否会重复此前的位置。
4. 总结小球运动轨迹的特点。

实验四十六
电子魔灯——等离子辉光球

实验目的

了解辉光放电原理。

实验仪器

电子魔灯如图 46-1 所示。

图 46-1　电子魔灯

实验原理

　　辉光球发光是低压气体在高频强电场中的放电现象。玻璃球中央有一个球状电极，球状电极与高频振荡电路相连，可产生高频强电场。球状电极周围的电场类似点电荷周围的电场。气体通常由大部分的中性分子和极少部分的等离子体组成。在强电场的作用下，稀薄气体中的少量离子在电场中被加速，稀薄气体中离子的自由程长，可获得足够的动能轰击中性分子，产生更多的电离，使气体导电。分子电离的过程是电子从低能级向高能级跃迁的过程，高能级的电子向低能级自发跃迁时会放出光子，呈现瑰丽的发光现象。辉光放电电流强度较小（约几毫安），温度不高。用手抚摸球壳，辉光将被手"吸"过来，这是由于手相当于接地极，高压极与手之间放电加强的缘故。

　　等离子体显示是根据气体放电的基本原理研制的。单色等离子体显示通常直接利用气体放电时发出的可见光来实现，彩色等离子体显示则通过气体放电时发射的波长为 147 nm 的紫外光照射光致发光荧光粉，使其发光来实现。彩色等离子显示由数十万至数百万个放电单元组成，这些放电单元是由许多障壁将上下两块玻璃基板之间的空间分隔而成的。障壁可确保两块玻璃板之间的空间间隔，同时防止放电单元之间的串色。

实验步骤

　　打开电源，观察辉光球的放电；用手触摸，观察其放电的变化。

注意事项

　　切勿拿在手上观察。

实验四十七　光通信演示

了解光通信的原理。

光通信演示仪如图 47-1 所示。

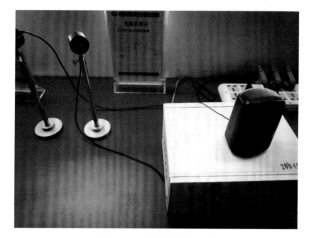

图 47-1　光通信演示仪

要实现光通信首先要将光进行调制。凡是使光波的振幅、频率、相位三个参量中的任何一个参量随外加信号而变化的均称为光调制。使光的振幅变化称为调幅或调强。本实验主要通过调幅来控制发光强度，使发光强度按声音的电信号的频率和振幅的变化而变化，这种光调制叫作直接光调制。

随着激光技术和光纤的迅速发展，用光调制原理进行光通信成为现代通信的一门新技术。本实验采用了常见的发光二极管代替激光，用便宜的有机玻璃棒代替光纤来进行光通信，重点是阐明光通信的原理。

1. 用光强度调制进行光通信

实验原理如图 47-1 所示，用一只光电探测器去接收已被调制的光信号，则能将已调制的光信号还原成声音的电信号，这个过程叫作解调。如果将这声音的电信号通过音频功率放大器放大，最后在音频放大器的输出端接上扬声器，我们就能听到调制光传递的声音，从而达到光通信的目的。

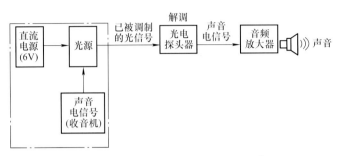

图 47-1　用光强度调制进行光通信示意图

2. 光纤通信模拟实验

实验装置如图 47-2 所示，将图 47-2 中串入由有机玻璃棒制成的模拟光纤 DF，稍微增大 D 和 L 之间距离，使由光源 D 发出的光线通过 L 变成一束会聚光，将光纤 DF 固定在铁支架上，使会聚光刚好投射到光纤 DF 的一光滑端面上，而将 SC 的受光面移动到对准光纤 DF 的另一端面，适当增大它们的音量，即可从扬声器 S 中听到收音机发出的声音。其原理是从 D 发出的已被调制的光经光纤 DF 传播到光电探测器的受光面上，经过解调即可从功率放大器上听到音乐信号发生器发出音乐。

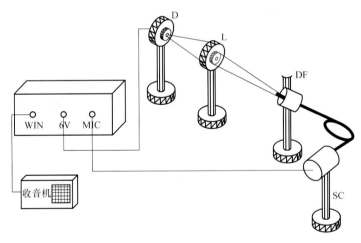

图 47-2　光纤通信模拟示意图

实验内容

1. 打开收音机，将附手电筒的耳机插头插入到收音机的耳塞插孔中。

2. 开启手电筒，将手电筒发出的光照射到硅光电池上，把扬声器的耳机插头插入到硅光电池的插孔中，此时收音机发出的声音信号就通过扬声器而扩散开来。

3. 挡住手电筒发出的光，则扬声器不发声，若光强减弱或增强，则声音信号也随之进行相应的改变。将光信号通过镜子反射、水面折射等再投到硅光电池上，重复上述现象。

实验四十八　互感现象的演示

演示互感现象及其应用。

互感现象演示仪如图 48-1 所示。

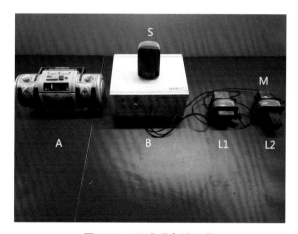

图 48-1　互感现象演示仪

A—收音机　B—音频功率放大器　L1—互感的初级线圈，阻抗为几个欧姆
L2—互感的次级线圈，阻抗为数百欧姆　M—用硅钢片叠成的铁心　S—扬声器

　　如果有两只线圈互相靠近，则其中第一只线圈中的电流所产生的磁通有一部分与第二只线圈相环链。当第一只线圈中的电流发生变化时，则其与第二只线圈环链的磁通也发生变化，在第二只线圈中产生感应电动势。这种现象叫作互感现象。

　　两只线圈之间的互感系数与其各自的自感系数有一定的联系。当两只线圈中的每一只所产生的磁通量对每一匝而言都相等，并且全部穿过另一个线圈的每一匝时，这种情形叫无漏磁。将两只线圈密排并缠在一起就能做到这一点。在这种情形下，互感系数与各自的自感系数之间的关系比较简单。如图 48-2 所示，有两个临近的回路（1）和（2），分别载有电流 I_1、I_2，由 I_1 产生的磁场穿过（2）的回路，磁通量为 Φ_{21} 应和 I_1 成正比，有 $\Phi_{21}=M_{21}I_1$。同理，由 I_2 产生的磁场穿过（1）的回路，磁通量为 $\Phi_{12}=M_{12}I_2$。

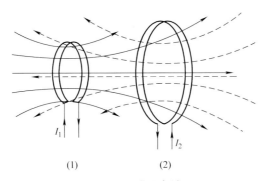

图 48-2　互感现象演示

M_{12}、M_{21} 均可称为互感系数，简称互感。可以证明 $M_{12}=M_{21}=M$。互感系数的大小取决于两只线圈的几何形状、大小、相对位置、各自的匝数以及它们周围介质的磁导率。改变两线圈的距离、相对位置或方向都将改变两线圈的互感系数，因此会引起感应电流的大小改变，从而使得声音变大或变小改变。而加入铁心将大大增加互感系数，从而使声音增大几倍。

实验内容

1. 互感无线通信

按图 48-3 将 L_1 和功放相连接，L_2 和收音机耳机插口相连接。

将 L_1 和 L_2 并排放置数十厘米，接通音频功率放大器的电源，适当增大音量输出，从 S 中听不到任何音乐声音。现在接通音乐信号发生器电源，尽管 L_1 和 L_2 相距数十厘米，并且彼此并不直接用引线相连接，扬声器 S 却发出悦耳的音乐乐曲，此时只要关闭音乐信号发生器 A 的电源，则 S 立即不发音，由此可见 S 发出声音是通过互感线圈 L_1、L_2 和音频功率放大器将音乐电信号传递到 S 的。这样互感线圈能将一个电信号从一只线圈传递到另一只线圈并直观、形象地演示出来。这也是简单的无线通信的演示实验。

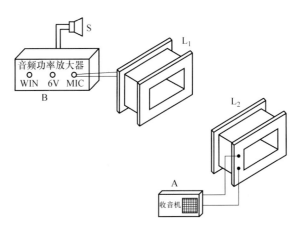

图 48-3　互感无线通信

2. 互感系数的性质和演示

互感系数的大小与两线圈之间的距离和相对位置有关，并与线圈中有无铁心有关。在上述实验中，当将 L_1 和 L_2 之间的距离移远时，S 的声音变轻，表明此时互感系数减小。反之，当将 L_1 和 L_2 之间的距离移近时，S 的声音变响，甚至使喇叭 S 发生啸叫，表明此时互感系数增大。另外，当 L_1 和 L_2 处于图 48-4a 所示的并排位置，以及图 48-4b 所示同一轴线位置时，S 的声音最响，表明此时互感系数最大。反之，当 L_1 和 L_2 处于互相垂直的位置时（见图 48-5），S 的声音减小到最轻甚至消失，此时表明互感系数最小。当我们再将铁心 M_1 和 M_2 分别插入线圈 L_1 和 L_2 中时，互感系数增大很多，喇叭 S 发出的声音明显增大甚至发生啸叫。

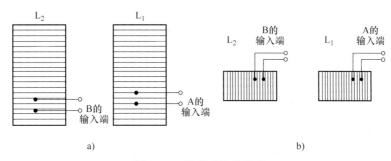

图 48-4　互感系数的性质

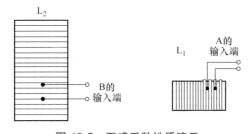

图 48-5　互感系数性质演示

3. 电磁屏蔽演示

在上述实验中，将线圈 L_1（或 L_2）放入铝罐 D 内，如图 48-6 所示。由于铝罐 D 上因电磁感应产生涡流，它就阻碍将 L_1 的信号传递到 L_2，故 S 的声音变轻甚至消失。这就是电磁屏蔽现象。

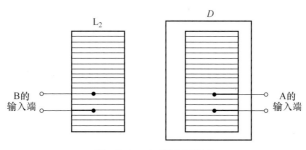

图 48-6　电磁屏蔽演示

4. 扬声器和铁心线圈之间的互感现象演示特殊的电磁线圈话筒

如图48-7所示，将线圈 L_2 靠近动圈式扬声器 R 约 10cm，当 R 发出音乐声音时，由于动圈式扬声器 R 中的线圈和 L_2 组成互感，因此当 R 发出音乐声音时，就可通过由 R 中的含铁心线圈和含铁心 M_2 的线圈 L_2 组成的互感线圈将音乐的电信号进行传递，使 S 发出声音，这里的含铁心 M_2 的线圈 L_2 具有一种特殊的"电磁话筒"作用。本实验富有趣味性和启发性。

5. 互感窃听

如图48-7所示，将铁心 M_2 插入线圈 L_2 中，将喇叭 R 和音乐信号发生器 A 的输出端的连接导线选长一些。此时当我们将含铁心 M_2 的线圈 L_2 靠近喇叭 R 的连接导线，也可以从放大器 B 的喇叭 S 中听到 A 发出的音乐声。如果将连接 R 的长导线在 L_2 中的铁心 M_2 上绕一正闭合线圈，则我们可以从 S 中听到由 A 发出的清晰而响亮的音乐声音。这就是利用互感现象进行"窃听"的原理实验。

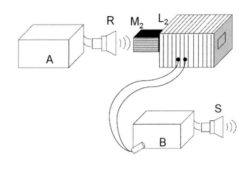

图 48-7　互感窃听

我们可以用互感线圈进行无线广播，而且如果将 A 的转换开关拨向功率放大器，并从它的互感现象输入端接一只话筒，则可以通过互感线圈 L_1 和 L_2 进行无线通话。经实验测试，当含铁心 M_1 的初级线圈 L_1 和含铁心 M_2 的次级线圈 L_2 相距 3~5m 时，我们还能从 S 听到 L_1 发出的信号，即进行无线通话。

实验四十九　西汉"透光镜"

实验目的

了解西汉"透光镜"的成像机理。

实验仪器

西汉"透光镜"如图 49-1 所示。

图 49-1　西汉"透光镜"

实验原理

西汉"透光镜"出土于古墓中，是 2000 多年前西汉时期的人们没有发明玻璃平面镜时而用的铜镜。与其他古代铜镜相比，"透光镜"外表并没有什么特别的地方。它的正面微微凸出，光洁而明亮，能够清楚地照出人的形象。它的背面有"见日之光，天下大明"八字铭文，每两个字之间有一个装饰性的符号，镜的中心有一圈连弧纹。如果用强光或聚光照射在镜上，镜面的反射光线会产生一个奇异的现象，即反射光投影好像是一张镜背的相片，而不是镜面，因为在投影中，镜背的花纹和文字，甚至镜钮穿带子的孔都能清楚地反映在墙上，投影的光好像不是镜面上直接反射出来的，而是从镜背穿透过来的。我国古代的著作中称这种镜子为"透光镜"。

根据现有文献的记载，第一位对"透光镜"的原理做出科学分析的是 900 年前宋代的科学家沈括，以后历代都有一些人想弄清楚"透光镜"的原理和制造方法。从 19 世纪开始，西方也有不少研究者试图揭开"透光镜"的奥秘。有人认为是因铜液冷却速度不同所致，有人认为是密度不同所引起，众说纷纭。直至 20 世纪 80 年代，"透光镜"的奥秘才由我国的科研人员完全揭开。如果仔细研究"透光镜"表面，会发现镜面并非严格的球面，而是曲率略有起伏的曲面，这种起伏与铜镜背面的纹饰相对应。取铜镜表面局部放大（见图 49-2），在全凸的镜面上有纹饰处镜面厚，曲率小，反射光发散度小，投射光斑较亮；无纹饰处镜面薄，曲率大，反射光发散度大，投射光斑较暗。但是这种起伏十分微小，肉眼无法觉察，只有在太阳或平行光照射下，铜镜表面的反射图像才能将这些差异放大出来。

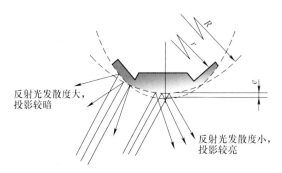

图 49-2　透镜表面曲率

在镜面的反射图像中，各处的反射光均发散放大，但各处曲率不同，镜面曲率大的区域反射光的发散度大，在反射图像中相应较暗；镜面曲率小的区域反射光的发散度小，再叠加了四周发散的反射光，在反射图像中相应较亮，于是屏幕上形成了与镜背纹饰一一对应的反射图像，如图 49-3 所示。明暗相间的反射图像产生了神奇的透光效应。那么镜面为什么会有微小的起伏呢？这主要是由于镜体在浇铸冷却的过程中，铜镜内部所形成的铸造残余应力的反映。镜的厚薄不一，镜边较薄，凝固得较快；镜体较厚，凝固得较慢。当镜边凝固时，猛烈收缩，压迫镜体拱起，而镜背由于有特殊的花纹，因此在凹凸处冷却的收缩率也不相同，这对镜边起着支撑和约束作用，阻碍镜边的收缩。正是由于这种冷却过程中铜镜内部力量的矛盾，造成了青铜镜金属结构的改变，产生了与镜背花纹相对应的微小起伏。铜镜冷却之后，还需要对其进行适当的研磨，这也是铜镜透光的重要加工处理环节。镜面在磨盘上研磨，当镜体厚薄各处的刚度小到一定程度时，镜面就明显地拱了起来，造成镜面的曲率差异，从而具有了透光效应。由此总结"透光镜"的原理，即"铸造成因，研磨变形"。观察"透光镜"成像可看到背面的花纹，如图 49-4 所示。

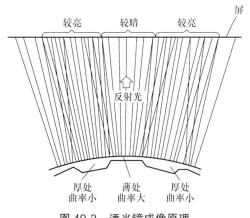

图 49-3　透光镜成像原理

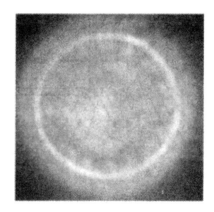

图 49-4　透光镜成像

实验步骤

观察透光镜成像即可。

注意事项

不要用手触摸透光镜的抛光面。

实验五十　偏振光干涉

实验目的

演示光弹性效应。

实验现象

偏振光干涉仪如图 50-1 所示。

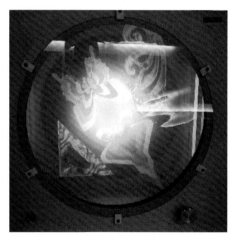

图 50-1　偏振光干涉仪

实验原理

　　某些各向同性材料，若内部存在应力（或在外界施加局域机械压力或拉力的作用下，也将导致内应力的出现），它就会呈现出各向异性，从而产生双折射现象，这就是光弹效应。

　　本实验仪器内的透光材料分为两种，一种是由里到外用不同层数的薄膜拼制而成的图案，如蝴蝶、飞机，薄膜内部的残余应力分布均匀；一种是光弹材料制成的三角板和曲线板，内部存在着均匀分布的残余应力。

白光透过第一个偏振片后变成线偏振光，线偏振光通过这些模型后产生应力双折射，分成有一定相位差且振动方向互相垂直的两束光，这两束光通过最外层的偏振片后成为相干光，发生偏振光干涉。

对于不同层数的薄膜叠制而成的图案（如蝴蝶、飞机），由于应力均匀，双折射产生的光程差由厚度决定，各波长的光干涉后的强度均随厚度而变，故合成后呈现与层数分布对应的色彩图案。

对于三角板和曲线板，由于厚度均匀，双折射产生的光程差主要与应力有关，各波长的光干涉后的强度随应力分布而变，则合成后呈现与应力分布对应的不规则彩色条纹。转动外层偏振片，即改变两偏振片的偏振化方向夹角，也会影响各波长的光干涉后的强度，使图案颜色发生变化。

U 形元件的干涉原理类似于三角板和曲线板，区别在于这里的应力不是残余应力，而是实时动态应力，条纹的色彩和疏密程度是随外力的大小而变化的。利用偏振光的干涉，可以考察透明元件是否受到应力以及应力的分布情况，这称为光测弹性。

实验步骤及演示现象

1. 观察仪器内的图形，都是无色透明的元件。
2. 打开光源，这时可立即观察到偏振光干涉条纹。
3. 旋转面板上的旋钮调整检偏片的偏振化方向，观察到视场中干涉条纹色彩随之变化。
4. 把透明 U 形元件从窗口放进，没观察到异常，用力握 U 形元件，这时在元件上出现彩色条纹，并呈现疏密分布。改变握力，条纹的色彩和疏密分布也发生变化。

注意事项

旋转检偏片时，要小心轻放，避免玻璃破碎。

实验五十一　幻影仪

实验原理

如图 51-1 所示，将物体 A 置于凹面镜的曲率中心 C 点下方，则物体发出的光通过凹面镜反射将汇集于光轴上方的等距处，形成与物等大的倒立实像 A'。在凹面镜孔径角 ω 的反射范围内进行观察，就可以看到栩栩如生的像，其三维立体感、视差及反差等视觉特性如同观察实际物体完全一样。

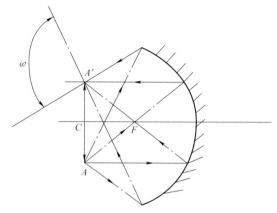

图 51-1　幻影仪光学原理图

实验仪器

幻影仪如图 52-2 所示。

图 51-2　幻影仪

实验方法

接通电源后，看见一条游动的鱼出现在观察窗的外面。

思考题

如果物体在焦点和凹面之间将如何成像？

实验五十二　激光琴

实验仪器

激光琴如图 52-1 所示。

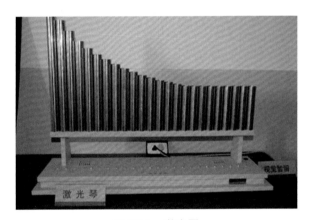

图 52-1　激光琴

实验原理

　　激光琴是一种没有琴弦的琴，代替琴弦的是一束束看不见的红外光束。当你用手去遮挡红外光束时，激光琴会发出相应音符的声音，如同拨动不同琴弦而发出不同音符的声音一样，十分有趣，引人入胜。激光琴的上部安装有一排红外发光二极管，红外发光二极管向上发射红外光束。而激光琴的上面相应地安装有一排光敏器件，当红外光束射向它的相应光敏电阻时，光敏电阻使开关电路断开，发音电路不工作，没有声音发出。当用手遮挡住红外光束时，相应的光敏电阻使开关电路接通，发音电路工作，发出有关音符的声响，这就是激光琴的工作原理。

　　电子琴属于电振荡乐器，由晶体管产生的电振动输送到放大器放大，推动扬声器发出声音。键盘实际是一些开关，一只开关只允许某一种频率的信号通过到放大器里去，扬声器就发出一个音来。

有些物质受到光照射时，其内部原子释放电子，但电子仍留在物体内部，使物体的导电性增强，这种现象称为内光电效应。利用内光电效应可以制成光敏电阻，用于制造光敏电阻的材料主要有金属的硫化物、硒化物和锑化物等半导体材料，在自动控制系统中用作光电开关。

利用光控原理制作的激光琴，当演奏者用手遮住一束光时，就相当于按下了一个琴键，达到用控制光来表演音乐的效果。

实验现象

打开电源开关，用手"弹奏"激光，就可以听到优美动听的音乐。

实验五十三
李萨如图形激光演示

实验目的

1. 设计实验装置用激光显示李萨如图形。
2. 进一步练习使用光杠杆。
3. 根据受迫振动和共振原理，并通过两个信号发生器的频率比的实验值与理论值的比较，分析受迫振动和共振原理对本次实验的影响。

实验原理

1. 当两个方向相互垂直、频率成整数比的简谐振动叠加时，在屏幕上就会显示李萨如图形。
2. 利用光杠杆原理可以使微小的振动放大。
3. 利用共振原理，使得电磁打点计时器振动片的固有频率和低频信号发生器的频率相等，从而引发共振。

实验仪器

如图 53-1 所示，李萨如图形激光演示仪的激光束向左发射，面板下的机箱内装有低频电压信号发生源。振动器 1 水平放置，代表 X 方向振动；振动器 2 垂直放置（部分振动条穿入机箱内），代表 Y 方向振动，两个振动器中的振动片分别由机箱内低频信号功率源驱动，做受迫振动。当线圈通以交流电时，穿过线圈的振动片被磁化，极性不断变化，并与振动片两旁的磁体吸引、排斥，引起振动，在受迫振动中，通过改变低频信号功率源的输出频率，实现振动频率的相互比率关系，反射激光束而形成李萨如图形，本实验仪仅改变 X 方向的振动频率，Y 方向频率基本保持不变，为了图形的稳定仅做少量微调。

图 53-1　李萨如图形激光演示仪

实验内容

1. 取两个电磁打点计时器，去掉打点针与塑料罩，在振动片的振动端贴上反射镜。测定两个打点计时器振动片的固有频率（基频）。将打点计时器与低频信号发生器相连接，逐渐改变信号发生器的频率，当振动片的振幅出现最大值时，信号发生器的频率就是振动片的固有频率。如果两个打点计时器的固有振动频率不等，可改变振动片的长度或加上配重，使其振动频率相等。

2. 将两个打点计时器相互垂直放置，使激光照射在第一个打点计时器振动片的反射镜上后，经反射照射在第二个打点计时器振动片的反射镜上，反射后再投射在远处屏上。

3. 把两台低频信号发生器的输出端分别与两个打点计时器相连接。开启发生器使振动条振动，发生器的输出频率分别与振动片的固有频率相同。

4. 演示二维同频（频率比为 1∶1）振动合成：李萨如图形激光演示装置调制好以后，平放在桌上，激光照射在远处屏上。首先，打开 X 方向振动开关，演示 X 方向振动；然后，关闭 X 方向振动开关，打开 Y 方向振动开关，演示 Y 方向振动；最后，打开 X、Y 方向振动开关，演示两个相互垂直方向的简谐振动合成。

5. 演示二维不同频率，但两者的频率成整数比的振动合成，将与 X、Y 振动片相连接的信号发生器的频率分别选择在"1∶2""2∶3""3∶4"上，在屏幕上观察李萨如图形。

实验现象

如图 53-2 所示为频率比为 2∶3 时的激光李萨如图。

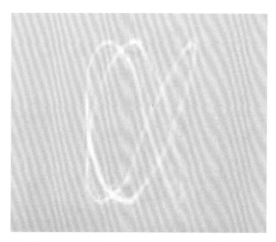

图 53-2　频率比为 2∶3 时的激光李萨如图

思考题

通过两个信号发生器的频率比的实验值与理论值的比较，分析受迫振动和共振原理对本次实验的影响。

实验五十四　变音钟

实验目的

1. 演示物质的相变，理解变音钟加热前后固有频率发生变化的根本原因。
2. 了解温度、压力等外界因素对物体固有频率的影响。
3. 了解物质的反铁磁性和顺磁性。

实验仪器

变音钟如图 54-1 所示。

图 54-1　变音钟

实验原理

变音钟是我国古代的一个重要发明，其外形和普通古代编钟是一样的。常温下敲击变音钟，声如木鱼，有些低沉；给钟添油加热，待钟体温度升高后再敲，则钟声清脆悦耳，余音袅绕。因寓意"心诚则灵"，故得名"诚则灵变音钟"。

一般的乐器编钟用响铜铸成，响铜中加入较多的锡，主要是铜、锡合金。而变音钟主要采用的是铜、锰合金。锰元素的加入使锰铜合金具有特殊的磁性质，在冷凝时会形成反铁磁质材料。反铁磁状态下杨氏模量小，从而固有频率小，材料内耗大，阻尼因子大，两者均可导致振动频率降低；反之，在顺磁状态下，杨氏模量大，固有频率高，同时阻尼因子小，因此振动频率高，形成的声学效果就与反铁磁质完全不同。变音钟的锰铜合金材料在加热前、后分别处于奈尔点（奈尔点是磁状态转变的一个温度点，在此点之上物质是反铁磁性的，在此点之下则是顺磁性的）之下和之上。常温下主要处于反铁磁质状态，钟声低沉；而在加热后发生由反铁磁质变为顺磁质的相变，使铜锰合金恢复一般金属的性质，敲击时发出清脆悦耳的钟声。变音钟钟声频率（ $\omega = \sqrt{\omega_0^2 - \beta^2}$ ）的变化是上述双重作用的结果。

实验内容

用木棍敲击钟，听其声音；加热 3min 后再敲击钟，比较加热前后声音的不同。

注意事项

利用蜡油对变音钟进行加热时要注意防止引起火灾。

实验五十五
淘金者（动感透射全息）

实验原理

全息照相分两步，波前记录和波前再现。波前记录是将物体射出的光波与另一光波——参考光波相干涉，用照相的方法将干涉条纹记录下来，称为全息图或全息照片，这一过程叫造图过程。全息图具有光栅状结构，当用原记录时用的参考光或其他光照射全息图时，光通过全息图后发生衍射，其衍射光波与物体光波相似，构成物体的再现像。

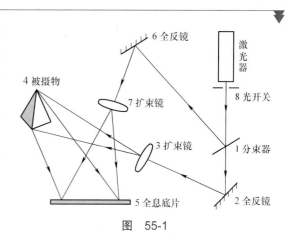

图　55-1

1. 全息图的记录

全息图记录的一般光路如图 55-1 所示。激光器输出的光束用分束器 1 分为两束。反射的一束经全反镜 6 反射到全息底片 5 上作为参考光；透射的一束经全反镜 2 反射到物体上，再经物体表面漫反射，作为物光射到全息底片上。参考光与物光相干涉，在这种干涉场中的全息底片经曝光、显影和定影处理以后，就将物光波的全部信息（振幅和相位）以干涉条纹的形式记录下来。这就是波前记录过程。所得到的全息图实际是一种较复杂的光栅结构。

2. 全息图的再现

拍摄好的全息底片放回原光路中，用参考光波照射全息片时，经过底片衍射后得到零级光波，从底片透射而出。另外，在两侧有正一级衍射和负一级衍射光波存在。人眼迎着正一级衍射光看去，可看到一个与被拍物体完全一样的立体的无失真的虚像。在负一级位置上，可用屏接收到一个实像，称为共轭像，如图 55-2 所示。

全息照相记录的是光波的全部信息，再现出三维立体像。全息图的种类繁多，根据记录媒质的厚度与条纹间距之比，可以分为薄全息图和厚全息图；根据复振幅透过率的调制变量的不同可以分为振幅型全息图和相位型全息图；根据记录时物光和参考光的方位情况，可以分为同轴全息图和离轴全息图；根据记录时物光和参考光在干板的同侧还是两侧，可分为透射全息图和反射全息图；根据再现时照射光的种类，可分为激光再现和白光再现等。一张全息片可以多次曝光，可以转动底片角度拍摄多次，也可以不转动底片而改变被拍物的状态进行多次曝光，再现时不同角度会出现不同图像，就像影像

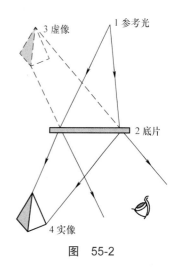

图　55-2

合成技术中的多帧多角度图片，给人以动感，而且是立体的画面，如图 55-3 所示。

图 55-3　动态的淘金者淘金的过程

实验现象

观察者摇动就可以看到动态的淘金者淘金的过程。

实验五十六　双通道反射全息

实验原理

全息术是利用光的干涉和衍射原理，将物体发射的特定光波以干涉条纹的形式记录下来，并在一定的条件下使其再现，形成原物体逼真的立体像。（原理详见实验五十五）

一张全息片可以多次曝光，可以转动底片角度拍摄多次，也可以不转动底片而改变被拍物进行多次曝光，再现时不同角度会出现不同图像。

实验现象

在两个不同反射角度观察可看到海星和海螺，如图 56-1 所示。

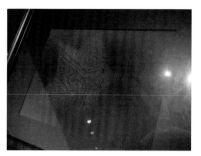
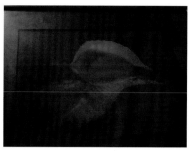

图 56-1　双通道反射全息

实验五十七　白光反射全息图

实验原理

白光反射全息图（见图 57-1）属于厚反射全息图，当记录介质厚度满足公式

$$h > \frac{10 \times 2nd}{\pi\lambda}$$

时（其中 n 为折射率，d 为干涉条纹间距，λ 为记录光波波长），可记录到干涉场中的曲面，其衍射规律遵循布喇格条件，它对波长极其敏感，可在白光下再现。当用白光再现时，能再现出单色像。按照布喇格条件，再现像的波长理论上与记录波长相同。然而，由于化学处理过程中胶的收缩，使干涉条纹间距 d 发生变化，再现波长向短波长方向偏移，俗称"蓝移"。

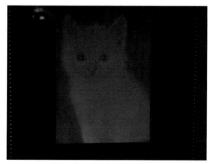

图 57-1　白光反射全息图

实验现象

观察关公反射全息图和猫反射全息图。

实验五十八　荧光花

实验原理

如图 58-1 所示，在花瓣和叶子上涂不同的荧光粉，灯丝加电释放的电子碰撞并激发荧光粉，使其发出特定波长的光。

图 58-1　荧光花

实验现象

接通电源，荧光花发光。

实验五十九　水晶内雕

实验原理

水晶内雕是通过电脑控制将一定波长的激光打入水晶内部，令水晶内部的特定部位发生细微的爆裂形成气泡，将平面或立体的图案"雕刻"在水晶玻璃的内部。激光在某处的能量密度与它在该点光斑的大小有关，同一束激光，光斑越小的地方产生的能量密度越大。这样，通过适当聚焦，可以使激光的能量密度在进入玻璃及到达加工区之前低于玻璃的破坏阈值，而在希望加工的区域则超过这一临界值，激光在极短的时间内产生脉冲，其能量能够在瞬间使水晶受热破裂，从而产生极小的白点，在玻璃内部雕出预定的形状，而玻璃或水晶的其余部分则保持原样完好无损。

如图 59-1 所示，观察狮子水晶立体内雕。

图 59-1　狮子水晶立体内雕

实验六十　魔镜
——看得见，摸不着

实验原理

凹面镜成像：当物距在 1 到 2 倍焦距之间时成倒立放大的实像；当物距等于 2 倍焦距时成等大倒立的实像，成的实像与物同侧。如图 60-1 所示，在凹面镜孔径角的反射范围 ω 内进行观察，可看到栩栩如生的、好像实物的像。

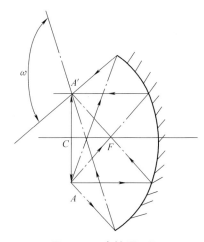

图 60-1　魔镜原理图

实验现象

可观察到两个水果的像，如图 60-2 所示。

图 60-2　魔镜实验现象

实验六十一　红蓝 3D 图

实验原理

左右两眼的视差可形成立体感。在红蓝 3D 图中有两幅不同的图片叠加，两图片经滤光处理，分别偏红和偏蓝。戴上红蓝眼镜观察时，两只眼睛分别看到两个分离的不同图片，产生立体的视觉效果。

实验现象

戴上红蓝眼镜观察到有立体感的图片。

实验六十二 记忆合金花

实验原理

记忆合金是一种颇为特别的金属条，它极易被弯曲，我们把它放进盛着热水的玻璃缸内，金属条向前冲去；将它放入冷水里，金属条则恢复了原状。在盛着凉水的玻璃缸里，拉长一个弹簧，把弹簧放入热水中时，弹簧又自动收拢了。凉水中弹簧恢复了它的原状，而在热水中，则会收缩，弹簧可以被无限次数地拉伸和收缩。这些都由一种有记忆力的智能金属做成的，它的微观结构有两种相对稳定的状态，在高温下这种合金可以被变成任何你想要的形状，在较低的温度下合金可以被拉伸，但若对其重新加热，它会记起它原来的形状，而变回去。这种材料叫作记忆金属（memory metal），它主要是镍钛合金材料。

实验现象

如图 62-1、图 62-2 和图 62-3 所示，在合金花的容器内放入热水（65~85℃）；观察合金记忆花舒展开的形状变化；冷却至室温后，再次观察合金记忆花的形状。

图 62-1 放入热水前　　　图 62-2 放入热水后　　　图 62-3 凉至室温后

实验六十三　单极常温磁悬浮

实验原理

　　磁悬浮的原理是运用磁铁"同性相斥，异性相吸"的性质，使磁铁具有抗拒地心引力的能力，即"磁性悬浮"。为了实现上述目的，利用电磁铁作为不动极性体，利用永久电磁铁作为移动电磁体，并且移动电磁体和电磁铁导电后的相对面的极性相同，产生同性相斥力且推动移动电磁体，带动照明灯上浮导通 LED 发光二极管照明，当电磁铁失电后，相持力消失，移动电磁体带动照明灯沿导杆下移，彩色 LED 发光二极管失电停止照明。

操作步骤

　　1. 调平桌面。如图 63-1 所示，悬浮物一定要放置在水平面上，若放置在不水平、不平整的物体表面，悬浮物将不能正常悬浮。

　　2. 打开电源，将悬浮物从上方、垂直、慢慢地往下靠近基座上的中心点（在基座上有一中心小孔）。

　　3. 当慢慢靠近时，你会明显感到一侧有很强的推力，说明你偏离了中心点，要反方向微距离移动。当感觉手里的悬浮物无任何方向力量时，请轻轻松开双手。这时悬浮物在距离基座上方 12~25mm 处稳稳地悬空着。

图 63-1　单极常温磁悬浮

注意事项

1. 在摆放前记得插好、插牢电源，磁悬浮产品是使用电力产生电磁漩涡流再通过永久性磁铁来进行产品的悬浮及旋转的，如果不插电是根本不可能将悬浮物悬浮起来的。

2. 在摆放悬浮物前请确认其底座已放在平整处，因为对于初学者而言在平整处进行摆放相对容易得多，而且还可以找一个高度位于腰部左右的桌子（或其他物品）并在其上进行摆放，因为这种高度能够更好地进行稳定和悬放。

3. 在摆放悬浮物时，如果在 3min 内没能摆放好，那请你将球体重新举起并重新摆放，这样能够更好地保护悬浮物。

实验六十四　磁悬浮地球仪

实验原理

磁悬浮地球仪利用电流磁效应使地球仪漂浮在半空中。地球仪顶端有一个磁铁，圆环形塑胶框内部顶端有一个金属线圈，金属线圈通过电流就会成为电磁铁。电磁铁与地球仪顶端磁铁间的力可抵消地球仪所受重力，因此地球仪可漂浮在半空中。用手轻轻触碰地球仪使其偏离平衡位置，手移开后地球仪仍可回到平衡位置不至掉落，这是利用了负回馈机制。

地球仪底端也有一个磁铁。塑胶框内部底端有一个霍尔侦测器，可侦测地球仪底端磁铁的磁场变化。地球仪偏离平衡位置时，霍尔侦测器侦测到地球仪底端磁铁的磁场变化，便会产生一补偿电流。补偿电流流到塑胶框顶端金属线圈时，金属线圈磁场增加，可将地球仪拉回平衡位置。轻轻转动地球仪便可使之持续不停地转动，这可以用惯性原理（说得深入一点，依据动量守恒原理）解释。地球仪所受到的外力总和为零，因此会以固定速率沿固定方向转动。

磁悬浮地球仪运用磁悬浮的科学原理，使地球仪在无任何支撑及触点的空中自转，展示地球的真实状态，具有独特的视觉效果，给人以奇特新颖的感觉和精神享受。地球球面为标准的世界地图，七大洲、四大洋、世界各国疆域、版图及重要城市尽收眼底，寓教于乐，融知识与趣味于一体，感受高科技产品的神奇魅力。

实验现象

地球仪漂浮在半空中，如图 64-1 所示。

图 64-1　磁悬浮地球仪

操作步骤

操作步骤请参见实验六十三。

注意事项

1. 在摆放前记得插好、插牢电源，磁悬浮产品是使用电力产生电磁漩涡流再通过永久性磁铁来进行产品的悬浮及旋转的，如果不插电是根本不可能将地球仪悬浮起来的。

2. 在摆放磁悬浮地球仪的球体前请确认磁悬浮地球仪的底座已放在平整处，因为对于初学者而言在平整处进行摆放相对容易得多，而且还可以找一个高度位腰部左右的桌子（或其他物品）并在其上进行摆放，因为这种高度能够让你更好地进行稳定和悬放。

3. 在摆放磁悬浮地球仪时，如果在 3min 内没能摆放好，那请你将球体重新举起并重新摆放，这样能够更好地保护磁悬浮地球仪的使用寿命。

请留意：磁悬浮地球仪装置很热时，务必要停止实验 15~20min，让装置尽量降温后再按以上步骤调试。

实验六十五　立体磁感线演示器

实验原理

当在仪器中心放置条形磁铁或者蹄形磁铁时，小指针会在磁场的作用下被磁化，指针的两端分别形成 N 极和 S 极，他们受到磁场力的作用，就会排列出磁感线的立体形状。

操作步骤

演示时先不要装入磁铁，轻轻敲击一下本仪器，使小指针呈现不规则排列，拉出预先安装的活动面板，放入蹄形磁铁，然后装上半圆形面板，再轻轻敲击仪器，小指针便会自行灵活活动，呈现出磁感线的立体分布状况。使用条形磁铁时，只需将半圆形面板换成半工字形面板即可。

实验现象

立体磁感线如图 65-1 所示。

图 65-1　立体磁感线

注意事项

1. 本仪器是塑料制品，使用时应轻拿轻放，防止摔打跌落。实验过程中安装磁铁时应防止磁铁掉落，以免伤害师生和损坏磁铁。

2. 本仪器应存放在无尘防潮环境中，以免小指针生锈，造成转动不灵活。

3. 本仪器磁铁的磁性较强，在使用时请师生务必暂时摘下名贵手表，并放置远离磁场的安全处，以免被磁化。

实验六十六　魔球

　　魔球的外观为直径约 15cm 的高强度玻璃球壳，球内充有稀薄的惰性气体（如氩气等），玻璃球中央有一个黑色球状电极。球的底部有一块震荡电路板，通过电源变换器，将 12V 低压直流电转变为高压高频电加在电极上。

　　通电后，震荡电路产生高频电压电场，由于球内稀薄气体受到高频电场的电离作用而光芒四射，产生神秘色彩。由于电极上电压很高，故所发出的光是一些辐射状的辉光，绚丽多彩，在黑暗中非常好看。

　　辉光球工作时，在球中央的电极周围形成一个类似于点电荷的场。当用手（人与大地相连）触及球时，球周围的电场、电势分布不再均匀对称，故辉光在手指的周围处变得更为明亮，产生的弧线顺着手的触摸移动而游动扭曲，随手指移动起舞。

实验现象

　　魔球如图 66-1 所示。

图 66-1　魔球

实验六十七　立体观察镜

实验仪器

　　立体观察镜如图 67-1 所示。

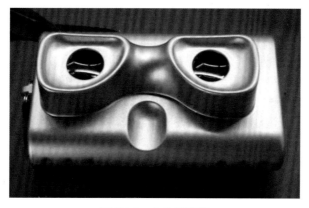

图 67-1　立体观察镜

实验原理

1. 双镜头立体照相机光路

双镜头立体照相机是模仿人眼制成的。可以用两台完全相同的照相机组装成一台简单的立体照相机。两台相机的中心轴互相平行，而且上下前后位置相同，但两台相机之间有一定的距离，例如 200mm 左右。拍摄时，两台相机同时曝光。它的光路如图 67-2 所示。

2. 立体观察镜光路

我们用立体观察镜进行观察时，如图 67-3 所示，右眼看到的图像是立体照相机右边镜头拍摄的图像，前面景点 A 的像在 A'' 点，后面景点 B 的像在 B'' 点。而左眼看到的图像是立体照相机左边镜头拍摄的图像，前面景点 A 的像在 A' 点，后面景点 B 的像在 B' 点。对于前景点 A 来说，左右眼看到的前景点 A 的像 A'、A'' 是不重合的，存在空间方位上的视角差。连接右眼中心与 A'' 像点的连线，即右眼观看 A'' 的直视线；连接左眼中心与 A' 的连线，即左眼观看 A' 的直视线。延长这两条直视线相交于 A''' 点，两眼直视线的夹角较大（即视差角较大），因此 A''' 点在前面。同样的分析，右眼看到后景点 B 的像在 B'' 点，左眼看到 B 点的像在 B' 点。延长通过 B'' 点的右眼直视线和 B' 点的左眼直视线，这两条直视线相交于 B''' 点，B''' 点即 B'' 点与 B' 点合并产生的一立体像点。左右眼对 B''' 像点的直视线夹角较小，B''' 像点在后。这样 A''' 像点在前，B''' 像点在后，是一有前有后的立体图像，立体感特别强，就像观察真实景物一样。

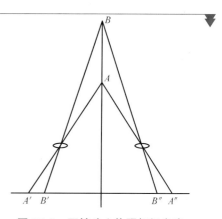

图 67-2　双镜头立体照相机光路

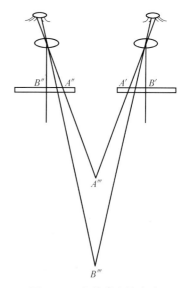

图 67-3　立体观察镜光路

操作步骤

1.将两个透明的目镜靠近双眼，距眼 1cm 左右，椭圆形的白色半透明窗朝向有光线的地方。一般室内光线即可，若朝向明亮处或室外自然光线下观看效果更佳。

2.转换图片的方法：一般用食指或中指上下随意拨转手轮即可，若要转换得快捷、轻松，最好用食指第一和第二指节的侧面（即靠近拇指的一侧）接触手轮拨转。上下拨转时，手指稍用力随手轮移动的距离长些，直至其中一幅完全呈现。

实验现象

能看到数幅惟妙惟肖的立体图像。

注意事项

1.保持环境防水防潮，目镜不要用硬物摩擦。

2.观看时，眼睛要自然放松。

3.转换画幅到开头或结尾（标有"欢迎观赏"或"谢谢观赏"字样）即可回转观看，不要再过分用力拨转，以防损坏部件。

思考题

如果将照相机对准某个景物，先后拍摄两张底片，然后将这两张底片安装在立体镜底片框架的左右窗口处，再用立体镜观看，这样能产生立体图像吗？

实验六十八　闪电盘（放电盘）

实验现象

如图 68-1 所示，辉光放电盘由许多直径为 2~3mm 的小气泡构成，小气泡中充有低压气体。在辉光盘不同区域的小气泡中充有不同的低压气体，用以在辉光放电时发出不同颜色的光，形成彩色的放电辉光。辉光盘的中心安装有一电压高达数千伏的高频高压电极。

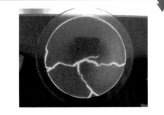

图 68-1　辉光放电盘

实验原理

通常由于宇宙射线、紫外线等作用，气体中少量中性分子被电离，以正负离子形式（即等离子体状态）存在于气体中。如图 68-2 所示，辉光盘通电以后，中心的电极电压高达数千伏，气体中的正负离子在强电场作用下产生快速定向移动，这些离子在运动中与其他气体分子碰撞产生新的离子，使离子数大增。由于电场很强而气体又比较稀薄（即离子运行的自由路程很长），离子可获得足够的动能去"打碎"其他中性分子，形成新离子。离子、电子和分子间撞击时，常会引起原子中电子能级跃迁并激发出美丽的辉光，称为"辉光放电"体的辉光颜色是不同的，因此辉光盘将形成彩色辉光放电。

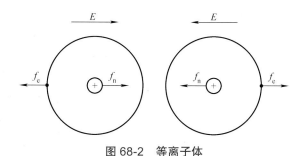

图 68-2　等离子体

E—外加电场　f_n—原子核所受电场力　f_e—电子所受电场力

由于不同气体在高频电场 E 的作用下，电场方向不断变化，处于电场中的物质的原子核（带正电）和外层电子（带负电）受到的力也不断变化，但两种力的方向始终相反，在交变电场的反复作用下，最后将带正电的原子核和带负电的电子分开，形成等离子体，如图 68-2 所示。

操作步骤

打开辉光盘的电源开关，立即产生彩色辉光放电。

注意事项

不要将辉光盘从展台上取下来观看，以免损坏。

思考题

为什么辉光盘不同区域发射的辉光颜色不同？

实验六十九　"COFFEE"——霓虹灯

　　霓虹灯（图 69-1~图 69-3）是城市的美容师，每当夜幕降临，华灯初上，五颜六色的霓虹灯就把城市装扮得格外美丽。那么，霓虹灯是怎样发明的呢？实际上，它是英国化学家拉姆塞在一次实验中偶然发现的。那是 1898 年 6 月的一个夜晚，拉姆塞和他的助手正在实验室里进行实验，目的是检查一种稀有气体是否导电。

　　拉姆塞把一种稀有气体注射在真空玻璃管里，然后把封闭在真空玻璃管中的两个金属电极连接在高压电源上，聚精会神地观察这种气体能否导电。突然，一个意外的现象发生了：注入真空管的稀有气体不但开始导电，而且还发出了极其美丽的红光。这种神奇的红光使拉姆塞和他的助手惊喜不已，他们打开了霓虹世界的大门。

图 69-1　霓虹灯（一）

　　拉姆塞把这种能够导电并且发出红色光的稀有气体命名为氖气。后来，他继续对其他一些气体导电和发出有色光的特性进行实验，相继发现了氙气能发出白色光，氩气能发出蓝色光，氦气能发出黄色光，氪气能发出深蓝色光……不同的气体能发出不同的色光，五颜六色，犹如天空美丽的彩虹。霓虹灯也由此得名。

图 69-2　霓虹灯（二）

图 69-3　霓虹灯（三）

实验原理

　　霓虹灯是一种低气压冷阴极辉光放电发光的光源。气体放电发光是自然界的一种物理现象，其辐射光谱具有极强的穿透大气的能力。在通常的情况下，气体是良好的绝缘体，它并不能传导电流。但是在强电场、光辐射、离子轰击和高温加热等条件下，气体分子可能发生电离，产生可以自由移动的带电粒子，并在电场作用下形成电流，使绝缘的气体成为良导体。这些激发出来的电子，在高电压电场中被加速，并与灯管内的气体原子发生碰撞。当这些电子碰撞游离气体原子的能量足够大时，就能使气体原子发生电离而成为正离子和电子，这就是气体的电离现象。带电粒子与气体原子碰撞产生的多余的能量就以光子的形式发射出来，这就完成了霓虹灯的发光点亮的整个过程。这种电流通过气体的现象就被称为气体放电过程。

通过气体放电使电能转换为五光十色的光谱线，是霓虹灯工作的重要的基本过程。其色彩鲜艳绚丽、多姿，发光效率明显优于普通的白炽灯，它的线条结构表现力丰富，可以加工弯制成任何几何形状，满足设计要求，通过电子程序控制，可变幻色彩的图案和文字，受到人们的欢迎。霓虹灯的亮、美、动特点，是目前任何电光源所不能替代的，在各类新型光源不断涌现和竞争中独领风骚。由于霓虹灯是冷阴极辉光放电，因此一支质量合格的霓虹灯其寿命可达 2 万至 3 万小时。

制造霓虹灯的办法，是采用低熔点的钠－钙硅酸盐玻璃做灯管，根据需要设计不同的图案和文字，用喷灯进行加工，然后烧结电极，再用真空泵抽真空，并根据要求的颜色充进不同的稀有气体而制成。如图 69-4、图 69-5 所示，现在制造的霓虹灯更加精致，有的将玻璃管弯曲成各种各样的形状，制成更加动人的图形；还有的在灯管内壁涂上荧光粉，使颜色更加明亮多彩；有的霓虹灯装上自动点火器，使各种颜色的光次第明灭，交相辉映，让城市之夜变得绚丽多彩。

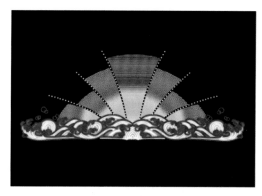

图 69-4　霓虹灯 1

图 69-5　霓虹灯 2

霓虹灯自 1910 年问世以来，历经百年不衰。它是一种特殊的低气压冷阴极辉光放电发光的电光源，而不同于其他诸如荧光灯、高压钠灯、金属卤化物灯、水银灯、白炽灯等弧光灯。霓虹灯是靠充入玻璃管内的低压惰性气体，在高压电场下冷阴极辉光放电而发光。霓虹灯的光色是由充入惰性气体的光谱特性决定：光管型霓虹灯充入氖气，霓虹灯发红色光；荧光型霓虹灯充入氩气及汞，霓虹灯发蓝色、黄色等光，这两大类霓虹灯都是靠灯管内的工作气体原子受激辐射发光。与其他电光源相比，霓虹灯具有以下特点：

1）高效率——霓虹灯是依靠灯光两端电极头在高压电场下将灯管内的稀有气体击燃，它不像普通光源必须把钨丝烧到高温才能发光，造成大量的电能以热能的形式被消耗掉，因此，用同样多的电能，霓虹灯具有更高的亮度。

2）温度低——霓虹灯因其冷阴极特性，工作时灯管温度在 60℃ 以下，所以能置于露天日晒雨淋或在水中工作。同样因其工作特性，霓虹灯光谱具有很强的穿透力，在雨天或雾天仍能保持较好的视觉效果。

3）低能耗——在技术不断创新的时代，霓虹灯的制造技术及相关零部件的技术水平也在不断进步。新型电极、新型电子变压器的应用，使霓虹灯的耗电量大大降低，功率由过去的每米灯管 56W 降到现在的每米灯管 12W。

4）寿命长——霓虹灯在连续工作不断电的情况下，寿命达 10000h 以上，这一优势是其他任何电光源都难以达到的。

5）制作灵活，色彩多样——霓虹灯由玻璃管制成，经过烧制，玻璃管能弯曲成任意形状，具有极大的灵活性，通过选择不同类型的管子并充入不同的惰性气体，霓虹灯能发出五彩缤纷、多种颜色的光。

6）动感强——霓虹灯画面由常亮的灯管及动态发光的扫描管组成，可设置为跳动式扫描、渐变式扫描、混色变色七种颜色扫描。扫描管由装有微电脑芯片编程的扫描机控制，扫描管按编好的程序亮或灭，组成一副副流动的画面，似天上彩虹，似人间银河，更酷似一个梦幻世界，引人入胜，使人难以忘怀。因此，霓虹灯是一种投入较少、效果较好、经济实用的广告形式。

实验仪器

1. 霓虹灯管

霓虹灯管以玻璃材质分：①玻璃管（或称石灰料玻璃管）；②铅玻璃管（又称红丹料玻璃管）；③彩色玻璃管。钠玻璃管稳定性差，受潮后极易变质、牢度差、易爆裂。铅玻璃管的热性能、机械性能、电性能、化学稳定性能、真空性能和光学性能优于钠玻璃。铅玻璃又以含铅量多少分为：重铅玻璃、中铅玻璃和轻铅玻璃。彩色玻璃管拉制玻璃管时已充入染料，生产出的玻璃管已成彩色玻璃管。

霓虹灯管以涂荧光粉材料分：①目前使用的多数霓虹灯管喷涂的是"普通荧光粉"，这种粉价格比较便宜，一般也能满足各种色彩的要求；②"三基色"荧光粉（也称稀土荧光粉），与普通荧光粉比较，其亮度、色度、鲜度更佳。

2. 霓虹灯变压器

（1）霓虹灯漏磁变压器，又称电感变压器、铁芯变压器。其特点是：可靠性好，负载灯管亮度高，光色一致，寿命长，缺点是比较笨重。

（2）电子变压器，也称高频冷启动管形放电灯、（霓虹灯）电子转换器或霓虹灯电源。其优点是：重量轻、制造方便、节约金属材料。电子变压器又分直流和交流两种，直流电子变压器由于单向导通特性往往会产生灯管一头亮一头暗的情况。又因电子变压器输出频率会受到负载灯管长度的影响，在同幅霓虹灯中，由于每笔灯管长短不一也会产生灯色不匀等现象。

3. 程序控制器

（1）普通式电子程序控制器。

（2）渐变式电子程序控制器。

4. 霓虹灯高压线

（1）普通高压线，即塑料高压线，这种高压线价格便宜，但易老化，室外使用安全性较差。

（2）硅橡胶绝缘高压线，是目前较理想的霓虹灯连接线，安全性强，可靠性好。

打开电源开关后，"coffee"字样及图形在电子变压器供电下，经渐变式电子程序控制器控制，霓虹色彩逐渐变化。

实验七十　环形光

实验原理

当激光束照射金属丝时，小角度入射，会观察到环形光。根据光的反射定律，在柱型小范围的一条线上，相同入射角入射的光线，反射角相同，将会在垂直金属丝方向获得反射光线。如果在垂直金属丝方向放一个水平屏幕，由于金属丝是对称结构，将会获得环形光；另外，金属丝很细，激光束有小发散角，光线在金属丝两侧边缘以光的直进性为主，相应的能够观察到暗线，在金属丝背后会发生衍射现象，在光环后部分观察到亮暗相间的衍射条纹。

实验装置

He-Ne 激光器、铁架台、测角台、不同直径金属丝 2 根。

实验现象

如图 70-1 所示，可以观察到很鲜亮的圆环。

图 70-1　圆环

实验七十一　三基色的合成

　　在我们的周围，每一种物体都呈现一定的颜色。这些颜色是由于光作用于物体才产生的。因此，有光的存在，才有物体颜色的体现。波长决定了光的颜色，能量决定了光的强度。波长相同能量不同，则决定了色彩明暗的不同。对颜色的描写一般是使用色调、饱和度和明度这三个物理量。色调是颜色的主要标志量，是各颜色之间相互区别的重要参数。红、橙、黄、绿、青、蓝、紫以及其他的一些混合色，都是用色调的不同而加以区的。饱和度是指颜色的纯洁程度。可见光谱中的单色光最纯，如果单色光中混杂白光后，其纯度将会下降。明度是指物体的透、反射程度，对光源来讲，即相当于它的亮度。

　　在现代社会中，色彩的应用横跨信息业、建筑业、制造业、商业和艺术等各行各业，涉及人类日常生活的各个方面并产生了不可估量的经济效益，这就使得有关彩色计量科学的色度学理论研究的重要性日渐突出。研究光源或经光源照射后物体透、反射颜色的学科称为色度学。色度学本身涉及物理、生理及心理等领域的知识，是一门交叉性很强的学科。为了把"颜色"这个经过生理及心理等因素加工后的生物物理量变换到客观的纯物理量，从而能使用光学仪器对色光进行测量，以消除那些因人而异、含混不清的颜色表达方式，需要经过大量的科学实验，将感性认识上升到理性阶段，再去指导人们对颜色的正确测量。

实验目的

　　1. 理解测量色度的原理和方法；
　　2. 了解单色仪的结构，学会使用单色仪测量光源的光谱；
　　3. 了解 1931CIE xy 色度图的作用。学会计算彩色面光源的色度值。

实验原理

1. 颜色匹配

　　虽然不同波长的色光会引起不同的彩色感觉，但相同的彩色感觉却可来自不同的光谱成分组合。自然界中所有彩色都可以由三种基本颜色混合而成，这就是三基色原理，根据人眼的彩色视觉特征，就可以选择三种基色，将它们按不同的比例组合而引起各种不同的彩色视觉。原则上可以采用各种不同的三色组，为标准化起见，国际照明委员会（CIE）做了统一规定：选水银光谱中波长为 546.1nm 的绿光为绿基色光。波长为 435.8nm 的蓝光为蓝基色光；波长为 700.0nm 的红光为红基色光。三色理论的基本要点是，任意彩色可由适当比例的三种基本彩色匹配出来。在加性系统，如彩色电视中，三基色是红、绿和蓝，把适当比例的三基色投射到同一区域，则该区域会产生一个混合彩色，而匹配这个混合色的三基色并不是唯一的。

　　实验发现，人眼的视觉响应取决于红、绿、蓝三分量的代数和，即它们的比例决定了彩色视觉，而其亮度在数量上等于三基色的总和。这个规律称为 Grassman 定律。由于人眼的这一特性，就有可能在色度学中应用代数法则。白光（W）可由红（R）、绿（G）、蓝（B）三基色相

加而得，它们的光通量比例为

$$\Phi R : \Phi G : \Phi B = 1 : 4.5907 : 0.0601$$

通常，取光通量为 1 光瓦[①] 的红基色光为基准，于是要配出白光，就需要 4.5907 光瓦的绿光和 0.0601 光瓦的蓝光，而白光的光通量则为 $\Phi W = 1+4.5907+0.0601 = 5.6508$ 光瓦，为简化计算，使用了三基色单位制，记作（R）、（G）、（B），它规定白光是由各为 1 个单位的三基色光组成，即

$$W=1（R）+1（G）+1（B）$$

由此可知：1 个单位（R）= 1 光瓦（红基色光）

　　　　　　 1 个单位（G）=4.5907 光瓦（绿基色光）

　　　　　　 1 个单位（B）=0.0601 光瓦（蓝基色光）

选定上述单位以后，对于任意给出的彩色光 C，其配色方程可写成

$$C=R（R）+G（G）+ B（B） \tag{71-1}$$

该色的光通量为 $\Phi C=683（R+4.5907G+0.0601B）$ lm。式中，C 表示待配色光；（R）、（G）、（B）代表产生混合色的红、绿、蓝三基色的单位量；R、G、B 分别为匹配待配色所需要的红、绿、蓝三基色单位量的份数，这个份数被称为颜色刺激值，C 的数值表示了相对亮度。因为在红、绿、蓝三基色单位量已定的条件下，对某一色光来说 R、G、B 的各分量大小是唯一的，所以我们可以用 R、G、B 构成一个色度空间，而 C 是色度空间的一个点。又因为红、绿、蓝三基色的单位化只是一个比例关系，可相差一个比例常数，所以 C 的坐标不用 R、G、B 直接表示，而是用在总量中占的比例，即 R、G、B 的相对大小来表示。

2. 光谱三刺激值

如果色光是单一波长的光，那么匹配所得到的份数就是这个单色光的刺激值。如果波长遍及可见光范围，则得到刺激值按波长的变化，这个变化称为光谱三刺激。它反映了人眼对光 - 色转换按波长变化的规律，这是颜色定量测量的基础。

CIE-RGB 光谱三刺激值是 317 位正常视觉者，用 CIE 规定的红、绿、蓝三基色光，对等能光谱色从 380nm 到 780nm 所进行的专门性颜色混合匹配实验得到的。实验时，匹配光谱每一波长为 λ 的等能光谱色所对应的红、绿、蓝三基色数量，称为 CIE-RGB 光谱三刺激值，记为 $\bar{r}(\lambda)$、$\bar{g}(\lambda)$、$\bar{b}(\lambda)$。它是 CIE 在对等能光谱色进行匹配时用来表示红、绿、蓝三基色的专用符号。因此，匹配某波长 λ 的等能光谱色 $C(\lambda)$ 的颜色方程为

$$C(\lambda)=\bar{r}(\lambda)(R)+\bar{g}(\lambda)(G)+\bar{b}(\lambda)(B) \tag{71-2}$$

3. 明视觉光谱效率函数 $V(\lambda)$

明视觉光谱效率函数是指在明视觉条件下，用等能光谱色照射时，亮度随波长变化的相对关系，它反映了人眼对光的亮度感觉。式（71-2）中的 $C(\lambda)$ 在数值上表示等能光谱色的相对亮度，就是 $V(\lambda)$。如图 71-1 所示，其中最大值为 $C(555)$。

㊀　1 光瓦 = 683 流明。

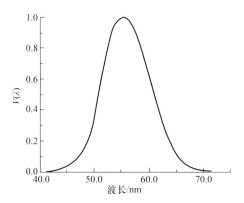

图 71-1　明视觉光谱效率函数 $V(\lambda)$

4. 色度坐标

在颜色匹配实验中，为了表示 R、G、B 三基色各自在 R+G+B 总量中的相对比例，引入 r、g、b：

$$r = R/(R+G+B)$$

$$g = G/(R+G+B) \qquad (71\text{-}3)$$

$$b = B/(R+G+B)$$

r、g、b 称为色度坐标，从上式可知 $r+g+b=1$。

5. 1931CIE-XYZ 标准色度系统

上面介绍的表色系统称为 1931CIE-RGB 真实三基色表色系统，但在实际应用中十分不便，因此 CIE 推荐了一个新的国际色度学系统——1931CIE-XYZ 标准色度系统，又称为 XYZ 国际坐标制。它是通过对 R、G、B 三刺激值进行坐标转换完成的。其转换关系为

$$X = 0.490R + 0.310G + 0.200B$$

$$Y = 0.177R + 0.812G + 0.011B \qquad (71\text{-}4)$$

$$Z = 0.010G + 0.990B$$

对应的光谱三刺激值记为 $\bar{x}(\lambda)$、$\bar{y}(\lambda)$、$\bar{z}(\lambda)$。其中 $\bar{y}(\lambda)$ 曲线被调整到恰好等于明视觉光谱光效率函数 $V(\lambda)$。因而用 $\bar{y}(\lambda)$ 曲线还可以用来计算一个色光的亮度特性。

$\bar{x}(\lambda)$、$\bar{y}(\lambda)$、$\bar{z}(\lambda)$ 按波长的变化如图 71-2 所示。同样，在 XYZ 标准色度系统中，色度坐标也用三基色各自在（X+Y+Z）总量中的相对比例来表示。

除颜色的明度可直接由 Y 表示外，其余的三个色度坐标分别为

$$x = \frac{X}{X+Y+Z}$$

$$y = \frac{Y}{X+Y+Z} \qquad (71\text{-}5)$$

$$z = \frac{Z}{X+Y+Z}$$

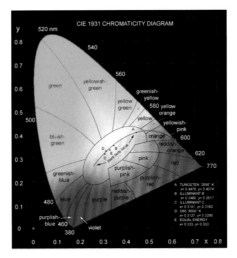

图 71-2　1931CIE xy 色度图

由于 $x+y+z=1$，故色度坐标一般只选用 x、y 即可。

6.颜色三刺激值和色度图

在颜色匹配实验中所得到的 R、G、B 的量值称为颜色三刺激值。在 XYZ 标准色度系统中就是 X、Y、Z。考虑到色光叠加原理，显然 X、Y、Z 分别为 $\bar{x}(\lambda)$、$\bar{y}(\lambda)$、$\bar{z}(\lambda)$ 三条曲线下所包含的三块面积。

综上所述，任何颜色光都可以被分解为三个对人眼的颜色刺激值 X、Y、Z。至此，包括光源颜色以及物体的透、反射颜色等自然界所能观察到的任何颜色均能由 Y、x、y 这三个参数来表征，其中 x、y 表示了色调、饱和度，而 Y 表示了明度。

把上述的规律归纳起来，可以集中地表示在 1931CIE-xy 色度图中。如图 71-3 所示，色度图的 x 坐标相当于红基色的比例，y 坐标相当于绿基色的比例。因为 $z=1-(x+y)$，则蓝基色的比例就无需给出。图中的偏马蹄形曲线是光谱轨迹。连接 400nm 和 700nm 的直线是可见光谱色中所没有的紫红色，它是由光谱两端的红和紫色混合后所得到的非光谱色。凡是偏马蹄形曲线内部的所有坐标点（包括这条封闭曲线本身）都是物理上能够实现的颜色。

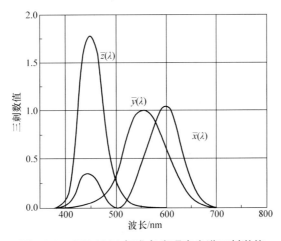

图 71-3　CIE 1931 标准色度观察光谱三刺激值

由于三基色的份量各占 1/3，所以色度坐标为 $x=y=z=0.33$ 的 E 点称为"等能白"。这是一个假想的白光，而用于颜色测量中的三个由 CIE 规定的标准光源 A、C、D 则分别位于 E 点的周围（物体的颜色与照明光源有关）。

例如颜色 Q 的坐标为 $x_Q=0.16$、$y_Q=0.55$，颜色 S 的坐标为：$x_S=0.50$、$y_S=0.34$。在用标准 C 光源照明时，可由 C 点过 Q 作一直线至光谱轨迹相交处，即得知颜色 Q 的主波长为 511.3nm。此处的光谱轨迹上的颜色就相当于 Q 的色调（绿色）。同理，由 C 点经 S 点连线后交于光谱轨迹上，又可得知颜色 S 的主波长为 595nm（橙色）。某一颜色离开 C 点接近光谱轨迹的程度表明此颜色的纯度，即相当于它的饱和度。越靠近光谱轨迹处，颜色的纯度越高。QS 连线上将能得到此橙绿两种颜色相混合后的各种中间色。过 C 点的直线交于光谱轨迹上两个交点，系表示此两种颜色成互补关系。即是说，凡过 C 点所有直线的端点对应出的这两个颜色经适当混合后将会得到中性色。

7. 标准照明体和标准光源

我们知道，照明光源对物体的颜色影响很大。不同的光源，有着各自的光谱能量分布及颜色，在它们的照射下物体表面呈现的颜色也随之变化。为了统一对颜色的认识，首先必须规定标准的照明光源。因为光源的颜色与光源的色温密切相关，所以 CIE 规定了四种标准照明体的色温标准。标准照明体 A：代表黑体在 2856K 发出的光（$X_0=109.87$，$Y_0=100.00$，$Z_0=35.59$）；标准照明体 B：代表相关色温约为 4874K 的直射阳光（$X_0=99.09$，$Y_0=100.00$，$Z_0=85.32$）；标准照明体 C：代表相关色温大约为 6774K 的平均日光，光色近似阴天天空的日光（$X_0=98.07$，$Y_0=100.00$，$Z_0=118.18$）；标准照明体 D65：代表相关色温大约为 6504K 的日光（$X_0=95.05$，$Y_0=100.00$，$Z_0=108.91$）。CIE 规定的标准照明体是指特定的光谱能量分布，只规定了光源颜色标准，它并不是必须由一个光源直接提供，也并不一定用某一光源来实现。为了实现 CIE 规定的标准照明体的要求，还必须规定标准光源，以具体实现标准照明体所要求的光谱能量分布。CIE 推荐下列人造光源来实现标准照明体的规定：

标准光源 A：色温为 2856 K 的充气螺旋钨丝灯，其光色偏黄。

标准光源 B：色温为 4874 K，由 A 光源加滤光器组成，光色相当于中午日光。

标准光源 C：色温为 6774 K，由 A 光源滤光器组成，光色相当于有云的天空光。

CIE 标准光源 A、B、C 的相对光谱能量分布曲线如图 71-4 所示。

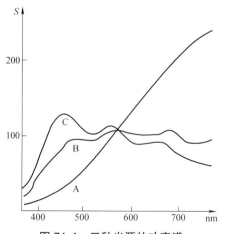

图 71-4　三种光源的功率谱

无论何种光源，在刺激人眼后都会产生光与色的感觉，它们分别属于光度学与色度学研究的内容。经验表明，若只用光度学内容来描绘某个光源是不完整的。唯有全面地考察某个光源的"光"与"色"，才能对其有个完整的认识。

8. 光的色度学参数测量

前面已指出，任何颜色的光都可以被分解为三个对人眼的颜色刺激值 X、Y、Z。所以颜色的测量就归结于如何计算 X、Y、Z，而计算的基础就是人眼的光 - 色转换规律：光谱三刺激值。显然对一般的不是单一波长的多波长色光，应该按波长对光谱三刺激值求和，又考虑到一般色光的功率是随波长变化的，而光谱三刺激值是在等能光谱色条件下测定的，所以应对光谱三刺激值按波长分配功率比例。综上所述，我们即可得出 X、Y、Z 的计算方法：

（1）如果用 $S(\lambda)$ 表示某待测光源的相对光谱功率分布，则该光源的三刺激值应为

$$X = k\int S(\lambda)\overline{x}(\lambda)\mathrm{d}\lambda$$
$$Y = k\int S(\lambda)\overline{y}(\lambda)\mathrm{d}\lambda$$
$$Z = k\int S(\lambda)\overline{z}(\lambda)\mathrm{d}\lambda$$

（71-6）

其中，常数 $k = \dfrac{100}{\int S(\lambda)\overline{y}(\lambda)\mathrm{d}\lambda}$，称为调整因子，它是将照明光源的 Y 值调整为 100% 时得到的常数项，因为我们常常只能得到相对的亮度值。在实际计算时，积分可用求和代替，即

$$X = K\sum_{380}^{780} S_C(\lambda)\overline{x}(\lambda)\Delta\lambda$$
$$Y = K\sum_{380}^{780} S_C(\lambda)\overline{y}(\lambda)\Delta\lambda$$
$$Z = K\sum_{380}^{780} S_C(\lambda)\overline{z}(\lambda)\Delta\lambda$$

（71-7）

$$K = 100 \Big/ \sum_{380}^{780} S_C(\lambda)\overline{y}(\lambda)\mathrm{d}\lambda$$

（71-8）

从三刺激值可得到色度坐标 (x, y, z) 为

$$x = \frac{X}{X+Y+Z}$$
$$y = \frac{Y}{X+Y+Z}$$
$$z = \frac{Z}{X+Y+Z}$$
$$x+y+z = 1$$

（71-9）

其中 x、y、z 分别相当于色光中红基色、绿基色和蓝基色的比例，由于 $x+y+z=1$，因此计算出 x、y 就可以在色度图中明确地标定出彩色光的颜色特征。

（2）对透射物体而言，式（71-6）中的 $S(\lambda)$ 项将包含两个内容：$S(\lambda)=S_N(\lambda)\tau(\lambda)$。其中 $S_N(\lambda)$ 是透射某物体时所用光源的相对光谱功率分布，而透射率 $\tau(\lambda)$ 则是表示在某个波长

值下，出射光强与入射光强的比值，即 $\tau(\lambda)=\dfrac{E_{\mathrm{o}}(\lambda)}{E_{\mathrm{i}}(\lambda)}$。如此，对透视物体的三刺激值有

$$X = k\int S_N(\lambda)\tau(\lambda)\overline{x}(\lambda)\mathrm{d}\lambda$$
$$Y = k\int S_N(\lambda)\tau(\lambda)\overline{y}(\lambda)\mathrm{d}\lambda \qquad (71\text{-}10)$$
$$Z = k\int S_N(\lambda)\tau(\lambda)\overline{z}(\lambda)\mathrm{d}\lambda$$

同理，对反射物体也是相应处理，其实，我们关心的只是最后的光功率谱，有了它，就可以计算了。

实验现象

实验现象如图 71-5 所示。

图 71-5　实验现象

实验装置

实验中采用红、绿、蓝三色二极管发光光源和导光板实现颜色混合（见图 71-6、图 71-7）。

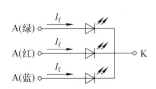

图 71-6　三色发光二极管示意图

图 71-7　实验装置

实验步骤

通过调节并联电路各支路电阻来增大或减小三种颜色发光二极管的电流，达到控制各种颜色光强大小的目的，可以形成不同颜色。

实验七十二　光栅画

光栅画特点

画面色彩逼真、层次细腻，画中的每个元素如动物、人物、花草等，都具有很强的立体感和纵深感，栩栩如生，似乎实际就在眼前，伸手可得，具有强烈的视觉冲击力。一张立体装饰画就是一款极具收藏价值的艺术品，甚至是纪念品，更能彰显主人的品位和价值观。让居室增添几许别具一格的典雅、温馨与浪漫。

点阵立体光栅：点阵立体光栅又叫"阵列光栅""圆点光栅""球形光栅"，都是因为点阵立体光栅具有相关特点而得名。点阵立体光栅是制作360°立体光栅画（立体画）的主要材料，点阵立体光栅制作的立体画，四面八方都有立体感，观看方向不受限制，当观看者上下左右移动时，他会看到画面内景物的上侧、下侧、左侧、右侧，景物活灵活现。点阵立体光栅是生物仿生学产品，它是通过研究昆虫复眼结构的成像原理设计而成，如图72-1所示。

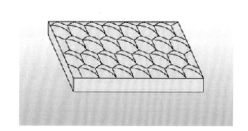

点阵立体光栅示意图

蜻蜓的复眼

图72-1　点阵立体光栅示意图与蜻蜓的复眼

光栅画原理

光栅画，又称"立体画""全景画"，是一种可以直接看到立体效果的特殊画面，它是利用光学折射成像原理和双眼的视位差，用计算机模拟设计，辅以光学介质制成的一种具有立体动感效果的艺术图片。人的两只眼睛相距 6~7cm，左右两只眼睛看物体时是从不同角度看到的两个稍有差别的图像，大脑将这两个具有视差的图像合成后形成立体的感觉。

看立体电影时，观众需戴一副特殊的眼镜，便有身临其境的感觉，眼镜的作用就是使两台摄影机拍摄的视差图像分别进入人的左右眼。光栅立体画和立体电影一样，只是用光栅代替眼镜片，免去了观众戴眼镜的累赘。

光栅立体画主要由光栅和抽样图两个部分构成，抽样图是由两幅以上的视差图像按一定规则合成的特殊图像，光栅可使视差图像分离，二者粘接装配形成一幅立体画，人们在观察这种图片时，可以在一个平面内直接看到一幅三维立体图，画中事物既可以凸出于画面之外，也可以深藏其中，活灵活现，栩栩如生，甚至有动画出现，给人们以很强的视觉冲击力。

但我们平常见到的平面图，由于进入眼睛的是一幅角度完全相同的图像，所以视觉和大脑无法提取画面上物体真实意义上的空间立体感，不能体现其三维关系。

立体画与平面图像有着本质的区别。平面图像反映了物体上下、左右二维关系，尽管人们看到平面图也有立体感，但只是运用光影、虚实、明暗对比来体现的；而真正的立体画是模拟人眼视差和光学成像原理制作出来的，它可以使眼睛看到物体的上下、左右、前后三维关系，是真正视觉意义上的立体画。

立体画早在欧美风行多年，因其独特的三维装饰效果备受青睐，在 1999 年开始进入中国市场，早期因材料成本高和技术因素导致价格居高不下，限制了立体业发展的脚步。在 2000 年后逐渐发展，目前立体画市场前景日趋良好。

立体感给人以一种真实的空间感，具有强烈的视觉冲击力，而层次感呈现了图像的层次重叠分明的效果，如果两者结合，画面既有丰富的层次，也会有很强的视觉空间。最初的立体影像（立体画）是采用两镜头立体相机拍摄，冲洗的胶片用立体观看镜观看，在 20 世纪五六十年代极为流行，但因摆脱不了立体观看镜的束缚而逐步销声匿迹。20 世纪 90 年代，随着光栅立体技术的进步，使立体观看摆脱了各种立体专用观看眼镜的束缚，用立体彩扩银盐照相方法制作的立体像片已达到前所未有的精度与效果，风靡美国。其制作流程是：用多镜头立体相机拍摄→冲出立体底片→用光栅相纸进行彩扩→获得立体照片成品。

光学合成法的优点是立体效果好，制作快捷，其缺点是初期投资太大，不便制作大幅立体相片等。立体图像技术的出现，是在图像领域彩色替代黑白后的又一次技术革命，图像技术由二维平面到三维立体，就像黑白照片到彩色照片，从彩色到数码一样，逐渐被世人所接受，它是一种不可逆转的趋势，也是图像行业发展的必然趋势，立体图像行业将是 21 世纪的黄金产业。立体画的制作方法有好几种，比较常见的有以下三种方法：平面照片立体法、一次拍摄法、轨道拍摄法。

（1）平面照片立体法，其制作原理是将一张普通的平面照片用 Photoshop 软件进行分层处理后调入立体软件进行合成，输出打印就可以得到立体照片了。最初的立体作图方法就是用 Photoshop 分层做的，优点是：前后层分明，立体感比较强，缺点是：各层的物体本身没有立体感，容易产生一片一片的感觉。称之为"假立体"可谓言之有理。现在大部分地方数码立体照相技术培训都是这种方法。

（2）一次拍摄法，即利用多镜头立体照相机、数码立体照相机直接拍摄。一般一台低端的立体照相机价格为 2 万 ~3 万元。

（3）轨道拍摄法，这种方法最大的优点是可以用普通照相机拍摄立体照片，立体效果几乎同一次拍摄法一样，但这种方法只适合拍摄静物或风景，不能拍摄人物，因为采用这种方法拍摄一张立体照片需要拍摄 5~6 张底片。目前数码立体图片主要有以下几种：

① 2D 类：如变幻、缩放、旋转、动画等，常用于广告、节日装饰、日历月历、文具、明信片、促销产品、名片等。

② 3D 立体类：通过 Photoshop 或立体分层软件，制出图片后再覆上光栅，使其产生前、中、后的空间距离，各图层呈片层结构，是一种仿立体的效果，是目前婚纱照、儿童照立体市场的主流。

③ 面转立体类：使用平面转立体软件，运用分层插值的边缘增强处理技术，使每个图层的边缘在深度上连续过渡，消除了假立体分层时主体、前景、背景的片状感觉，制作出轮廓圆滑过渡、厚实的立体画面，几乎能做到立体照相机拍摄的效果。

④ 综合效果类：综合效果类是立体的高级创作手段，它是将立体的 2D、3D 效果、立体摄影等表现手段穿插运用于一身，设计人员可根据自己丰富的想象力，创意出千变万化的立体效果。

立体技术应用范围极广，可以说：只要有图像运用的地方，就会有立体技术的用武之地：

制卡行业：卡通小卡片、名片、贺卡、笔记本封面、鼠标垫、挂历、台历各类外包装。

小装饰业：手机屏贴图、打火机贴图、钥匙扣贴图、玩具装饰等各类商品情趣贴图。

广告行业：户外及室内灯箱广告、宣传画、招贴画、柜台动态广告、招牌、立体工艺品、宣传卡片等各类产品展示广告。

摄影行业：婚纱照、人像照、风景图、景区景点、装饰画、宗教画框、等各类照相制品。

室内装饰：家庭、各种营业性场所使用装饰画、壁画、屏风等。

产品促销：小工艺品、优惠卡、会员卡、贵宾卡、单位形象宣传卡片。

展览展示：标志、形象、展板、标牌等。

玩具商：儿童喜爱的变画卡片等。

旅游业：门票、体现当地民俗风情的工艺画。

防伪类：防伪商标、防伪 CD 封套、贵宾卡、品牌特许标签、各类防伪证照等。

材料类：PVC 3D 翻变软膜、（制作）手机套、小提包、书包、鞋面、餐垫、台历挂历、立体明信片等。

不同线数光栅应有不同的应用范围

（一）70 线 ~150 线光栅应用范围：

立体名片、立体贺卡、立体台历、烟类、酒类、药品和食品的包装；各种类型卡片，电信卡、纪念卡、明星卡、明信片、IC 卡、保修卡、胸卡、书签等；各类宣传品，如杯垫、鼠标垫等；各类衣服、酒类、电器的吊牌；门票、各类贴纸图片、标牌等；各种商品的标签、防伪标；3D 魔卡、立体证件、10 寸以下立体照片；立体封面等。

（二）20 线 ~60 线光栅应用范围：

车站广告灯箱、地铁广告招贴、大型灯箱、户内（外）广告招贴、各种幅面广告灯箱、立体婚纱、变化图案、立体写真、立体广告、立体灯箱、立体装饰画、立体工艺品、挂历、立体名画、立体艺术画、钥匙扣等（见图 72-2、图 72-3）。

1.膜材：没有介质，必须粘在有机板、玻璃上；玻璃又有不同的厚度，越厚立体效果越明显。

a）PET 水晶模材：比 PET 膜材厚一些，一面光滑，一面发涩。

b）PET 模材：比较薄，两面发涩。

2.片材：总厚度为 1.0mm 的称为片材，低于 1.0mm 的称为薄膜。

3.板材：本身就有介质，不需要再加介质，价格比较昂贵。

图 72-2　光栅画

图 72-3　不同角度观察光栅画

实验七十三　X射线单晶衍射

实验目的

1. 加深对 X 射线单晶衍射、布拉格反射与 X 发射谱特点的理解。
2. 利用 NaCl 单晶的布拉格反射，测出钼靶的 X 射线特征谱 K_α、K_β 波长。
3. 验证布喇格公式。
4. 验证 X 射线的波动性。

实验原理

1. X 射线一般特征

X 射线是一种波长很短的电磁辐射，其波长为 10^{-2}~10nm，具有很强的穿透本领，能透过许多对可见光不透明的物质，如纸、木料、人体等。这种肉眼看不见的射线经过物质时会产生许多效应，如能使很多固体材料发生荧光，使照相底片感光以及使空气电离等。波长越短的 X 射线能量越大，叫作硬 X 射线；波长长的 X 射线能量较低，称为软 X 射线。当在真空中，高速运动的电子轰击金属靶时，靶就放出 X 射线，这就是 X 射线管的结构原理。X 射线发射谱分为两类：（1）连续光谱，由高速入射电子的轫致辐射引起的；（2）特征光谱，一种不连续的线状光谱，是原子中最靠内层的电子跃迁时发出来的。连续光谱的性质和靶材料无关，而特征光谱和靶材料有关，不同的材料有不同的特征光谱，这就是为什么称之为"特征"的原因。X 射线是电磁波，能产生干涉、衍射等现象。

2. 单晶 NaCl 的布拉格反射

X 射线经过晶体会发生衍射，这种衍射现象可简化为晶面上反射，称为布拉格反射。NaCl 晶体结构如图 73-1 所示。布拉格反射原理如图 73-2、图 73-3 和图 73-4 所示。根据衍射条件，得布拉格公式为

$$2d\sin\theta = n\lambda, \quad n=1, 2, \cdots$$

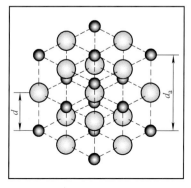

图 73-1　NaCl 晶体中氯离子与钠离子的排列结构

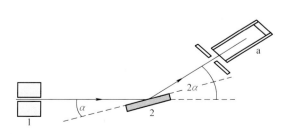

图 73-2　NaCl 晶体布拉格反射原理图

式中，d 是相邻两晶面间的距离；λ 是入射 X 射线的波长；θ 是掠射角，即入射 X 射线与晶面之间的夹角，是入射线与反射线夹角的一半；n 是一个整数，为衍射级次。

NaCl 晶体界面就是晶面，与此晶面对应的晶面间隔 d 已知，为 $d=282.01$pm，若实验上测出掠射角 θ 与衍射级次 n，就可以利用布拉格公式求出钼靶的 X 射线的波长。

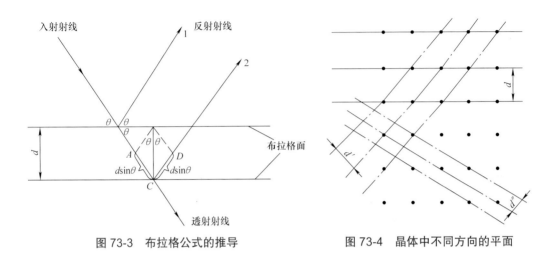

图 73-3   布拉格公式的推导   图 73-4   晶体中不同方向的平面

实验仪器与 X-Ray Apparatus 软件介绍

1. 实验仪器

本实验使用的 X 射线实验仪如图 73-5 所示。它的正面装有两扇铅玻璃门，既可看清楚 X 光管和实验装置的工作状况，又保证人身不受到 X 射线的危害，要打开这两扇铅玻璃门中的任一扇，必须先按下 A0，此时 X 光管上的高压立即断开，保证了人身安全。

该装置分为三个工作区：中间是 X 光管，右边是实验区，左边是监控区。X 光管的结构如图 73-6 所示。图 73-7 是一个被抽成高真空的石英管，其中 1 是接地的电子发射极，通电加热后可发射电子；2 是钼靶，工作时加以几万伏的高压，电子在高压作用下轰击钼原子而产生 X 光，钼靶受电子轰击的面呈斜面，以利于 X 光向水平方向射出；3 是铜块；4 是螺旋状热沉，用以散热；5 是管脚。右边的实验区可安排各种实验（见图 73-5）。A1 是 X 光的出口，做 X 光衍射实验时，要在它上面加一个光阑（光缝），或称准直器，使出射的 X 光成为一个近似的细光束。A2 是安放晶体样品的靶台，安装样品的方法如图 73-6 所示：

（1）把样品（平块晶体）轻轻放在靶台上，向前推到底；

（2）将靶台轻轻向上抬起，使样品被支架上的凸楞压住；

（3）顺时针方向轻轻转动锁定杆，使靶台被锁定。

图 73-5 中，A3 是装有 G-M 计数管的传感器，它用来探测 X 光的强度，其计数 N 与所测 X 射线的强度成正比。由于本装置的 X 射线强度不大，因此计数管的计数值较低，计数值的相对不确定度较大；（根据放射性的统计规律，射线的强度为 $N\pm\sqrt{N}$，故计数 N 越大相对不确定度越小。）延长计数管每次测量的持续时间，从而增大总强度计数 N，有利于减少计数的相对不确定度。A2 和 A3 都可以转动，并可通过测角器分别测出它们的转角。A4 是荧光屏，它是一

块表面涂有荧光物质的圆形铅玻璃平板，平时外面由一块盖板遮住，以免环境光太亮而损害荧光物质；让 X 光打在荧光屏上，打开盖板，即可在荧光屏的右侧外面直接看到 X 光的荧光，但因荧光较弱，此观察应在暗室中进行。

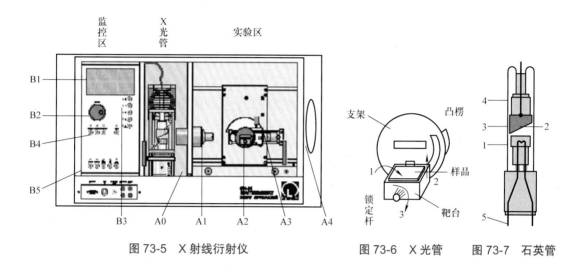

图 73-5　X 射线衍射仪　　　　　　图 73-6　X 光管　　图 73-7　石英管

左边的监控区包括电源和各种控制装置。

B1 是液晶显示区，它分上下两行，通常情况下，上行显示 G-M 计数管的计数率 N（正比于 X 光光强 R），下行显示工作参数。B2 是个大转盘，各参数都由它来调节和设置。B3 有五个设置按键，由它确定 B2 所调节和设置的对象，这五个按键是：

U：设置 X 光管上所加的高压值（0.0~35kV）；

I：设置 X 光管内的电流值（0.0~1.0mA）；

Δt：设置每次测量的持续时间（1~9999s）；

$\Delta \beta$：设置自动测量时测角器每次转动的角度，即角步幅（通常取 0.1°）；

β-LIMIT：在选定扫描模式后，设置自动测量时测角器的扫描范围，即上限角与下限角。（第一次按此键时，显示器上出现"↓"符号，此时利用 B2 选择下限角；第二次按此键时，显示器上出现"↑"符号，此时利用 B2 选择上限角。）

B4 有三个扫描模式选择按键和一个归零按键，三个扫描模式按键是：

SENSOR：传感器扫描模式，即只调图 73-6 中 3 的角度模式。按下此键时，可利用 B2 手动旋转传感器的角位置，也可用 β-LIMIT 设置自动扫描时传感器的上限角和下限角，显示器的下行此时显示传感器的角位置；

TARGET：靶台扫描模式，即只调图 73-6 中 2 的角度模式。按下此键时，可利用 B2 手动旋转靶台的位置，也可再 β-LIMIT 设置自动扫描时传感器的上限角和下限角，显示器的下行此时显示靶台的角位置；

COUPLED：耦合扫描模式，按下此键时，可利用 B2 手动同时旋转靶台和传感器的角位置，要求传感器的转角自动保持为靶台转角的 2 倍，而显示器 B1 的下行此时显示靶台的角位置，也可用 β-LIMIT 设置自动扫描时传感器的上限角和下限角。

归零按键是 ZERO：按下此键后，靶台和传感器都回到 0 位。

B5 有五个操作键，它们是：

RESET：按下此键，靶台和传感器都会回到测量系统的 0 位置，所有参数都回到缺省值，X 光管的高压断开；

REPLAY：按下此键，仪器会把最后的测量数据再次输出至计算机或记录仪上；

SCAN（NO/OFF）：此键是整个测量系统的开关键，按下此键，在 X 光管上就加了高压，测角器开始自动扫描，所得数据会被储存起来（若开启了计算机的相关程序，则所得数据自动输出至计算机。）；

◁：此键是声脉冲开关，本实验不必用到它；

HV（ON/OFF）：此键负责开关 X 光管上的高压，它上面的指示灯闪烁时，表示已加了高压。

2. X-ray Apparatus 软件

软件 "X-ray Apparatus" 的界面如图 73-8 所示。它具有标题栏、菜单栏和工作区域。在菜单栏中，从左到右分别是：Delete Measurement or Settings（删除测量或设置）、Open Measurement（调用测量文件）、Save Measurement As（存储测量结果）、Print Diagram（打印）、Settings（设置）、Large Display & Status Line（wgkq 状态行信息以大字显示）、显示 X 射线装置参数设置信息、Help（帮助信息）、About（显示版本信息）。工作区域的左侧是所采集的数据列表，右侧是与这些数据相应的图。数据采集是自动的，当在 X 射线装置中按下 "SCAN" 键进行自动扫描时，软件将自动采集数据和显示结果：工作区域左边显示靶台的角位置 β 和传感器中接收到的 X 光光强 R 的数据；而右边则将此数据作图，其纵坐标为 X 光光强 R（单位是 1/s），横坐标为靶台的转角（单位是°），如图 73-8 所示。

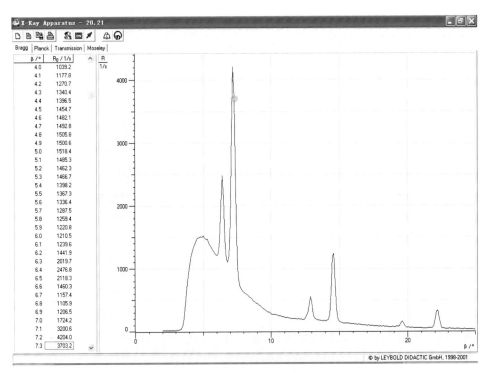

图 73-8　一个典型的测量结果画面

若需对参数进行设置，可单击"Settings"按钮，这时将显示如图73-9所示的"Settings对话框"。其中有两个选项卡：Crystal和General。

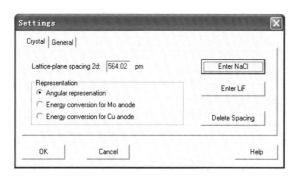

图73-9　Settings对话框

General选项卡：用于设置连接计算机的串口地址和语言（一般为COM1和English），单击"Save New Paramenters"按钮将新设置存储为系统的缺省值。

Crystal选项卡：用于设置晶体的参数，如单击"Enter NaCl"和"Enter LiF"按钮将输入NaCl或LiF晶体的晶面间隔值，此时所画出图的横坐标将转换成波长坐标，要删除已输入晶面间隔数值，可单击"Delete Spacing"按钮。若选中"Energy Conversion for Mo anode"复选框，可将所画出图的横坐标转换成能量坐标，这时将得到一幅X射线的能级谱图，在连续能谱上叠加有特征X射线线谱。

"X-ray Apparatus"软件中，用鼠标右击作图区域将显示快捷菜单。在本实验中常用的功能有：Zoom（放大）、Zoom Off（缩小）、Set Marker（标记Text文本）、Vertical Line（垂直线）、Measure Difference（测量误差）、Calculate Peak Center（计算峰中心）、Calculate Best-fit Straight Line（计算最适合的直线）、Calculate Straight Line Through Origin（计算通过原点的直线）、Delete Last Evaluations（删除最近一次计算）、Delete All Evaluations（删除所有计算）。例如，我们用"Zoom"功能，通过鼠标拖拉来放大所需处理的区域；使用"Set Marker"菜单的"Vertical Line"命令在峰中心位置单击，将一条竖直直线定位于峰中心，并在状态栏读出峰中心的横坐标值；也可使用"Calculate Peak Center"命令，用鼠标在峰的左侧单击并拖动到峰的右侧，这时将自动在峰中心位置出现一条竖线，并可在状态栏读出峰中心的数值。如果发现操作有误，可以双击或使用"Delete Last Evaluations"命令来取消该操作。

可以使用"Set Marker"菜单的"Text"命令，在图上标记文字。如果刚进行峰的定位，使用该命令时所出现的文本框内包含有状态栏上的数值，进行修改后单击"OK"按钮，并用鼠标拖动到所需位置后松手，即可将文字信息标记在这个位置上，当然也可以使用这个功能将自己的信息标记在图上，如名字、学号、实验日期和时间等。最后单击菜单栏上的"Print Diagram"按钮，即可把图打印出来。

实验内容

1. 装好样品 NaCl 晶体

将样品NaCl晶体装在测角仪的靶台上（见图73-5、图73-7），使靶台上NaCl晶体中线和直准器间的距离为5cm，和传感器的距离为6cm，并将仪器调零校准。

2. 测量钼靶的两条特征谱线 K_α、K_β 的波长 $\lambda_{K\alpha}$、$\lambda_{K\beta}$

（1）启动软件"X-ray Apparatus"，按 🖳 或 F4 键清屏。

（2）设置 X 光管的高压 $U=35.0$kV，电流 $I=1.00$mA，测量时间 $\Delta t=10$s，角步幅 $\Delta\beta=0.1°$。

（3）按 COUPLED 键，再按 β 键，设置下限角为 $4.0°$，上限角为 $24°$；按 SCAN 键进行自动扫描；电脑屏幕上出现的衍射曲线如图 73-8 所示。扫描完毕后，按 🖳 或 F2 键存储好文件，或截图保存。

实验结果处理

利用衍射曲线与软件 X-ray Apparatus，将钼靶的两条特征谱线 K_α、K_β 对应的 θ 角与衍射级次 n 记在表 73-1 中。已知 NaCl 晶体的晶格常数为 $2d=a_0=564.02$pm，用布拉格公式计算出钼靶的 K_α、K_β 波长 $\lambda_{K\alpha}$、$\lambda_{K\beta}$，也记在表 73-1 中，与文献上准确值比较，验证布拉格方程。

表 73-1

n	K_α		K_β	
	$\theta/(°)$	λ/pm	$\theta/(°)$	λ/pm
1				
2				
3				
λ 平均值 /pm				

将样品换成 LiF，重复上述操作。

对于 LiF 的实验结果如下：

将钼靶的两条特征谱线 K_α、K_β 对应的 θ 角与衍射级次 n 记在表 73-2 中。已知 LiF 晶体的晶格常数 $2d=a_0=402.79$pm，用布拉格公式计算出钼靶的 K_α、K_β 波长 $\lambda_{K\alpha}$、$\lambda_{K\beta}$，与文献上准确值比较，验证布拉格方程。

表 73-2

n	K_α		K_β	
	$\theta/(°)$	λ/pm	$\theta/(°)$	λ/pm
1				
2				
λ 平均值 /pm				

实验七十四　用 X 射线确定单晶的晶格常数

实验目的

1. 研究和比较氟化锂和氯化钠单晶的布拉格反射。
2. 确定氟化锂和氯化钠单晶的晶格常数。

实验原理

布拉格定律描述了平面波在单晶体内一组晶面间选择性反射的衍射规律。这一规律可以由布拉格公式来反映，即

$$2d\sin\theta = n\lambda$$

式中，n 为衍射级数；d 为晶面间距；λ 为波长；θ 表示相对于晶面的掠射角。由于晶体内部的周期性结构，每组晶面间有固定的间距 d，当波长为 λ 的入射波被晶体反射时，凡满足布拉格公式的反射波都具有最大的强度。

氯化钠晶体结构如图 74-1 所示，在最简单的情况下，晶面平行于晶胞的表面，晶面间距为晶格常数的一半，即

$$d = \frac{a_0}{2}$$

这就使我们能用布拉格公式来确定晶体的晶格常数 a_0：

$$a_0\sin\theta = n\lambda$$

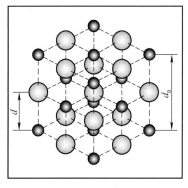

图 74-1

从另一方面来说，为了确定晶格常数 a_0，我们需要在已知波长 λ 和衍射级 n 的条件下测量掠射角 θ。这一方法在更高的衍射级上来测量会更精确。

在本实验中，把钼的 X 射线波长作为已知量，表 74-1 中列出了钼的 X 射线的特征波长。

表　74-1

谱线	λ /pm
K_α	71.08
K_β	63.09

G-M 计数管用于探测 X 射线，它与晶体相对于 X 射线束以 2：1 角度耦合转动。零点 $\theta=0°$ 表示晶面的计数器轴都平行于入射 X 射线，但实际上由于晶面很少与晶体的表面精确平行，因此对每个晶体的零点需要分别作调整。

仪器配置

1. 准直器到晶体的距离调整到 5cm，计数器到晶体的距离调整到 6cm。用 ADJUST 旋钮手动调节目标晶体和探测器的水平位置，同时按 <TARGET>、<COUPLED> 和 <β limits> 键保存这些位置，作为测量系统的零点位置。

2. 通过 RS-232 输出口把仪器与计算机连接。

实验内容

（一）单晶氟化锂的布拉格反射

1. 在目标靶平台上小心安放单品氟化锂。

2. 高压设置为 U=35.0kV，辐射电流设置为 1=1.00mA。

确定测量系统的零位

3. 在耦合扫描模式下，用 ADJUST 旋钮把目标角度设置为 10.2°。

4. 按 HV on/off 接通高压。

5. 目标靶位置保持不变，在探测器扫描模式下手动寻找 K_α 谱线一级最大反射所对应的最大计数率。

6. 使探测器在最大计数率的位置保持不变，在目标靶模式下手动寻找最大计数率。

7. 在探测器扫描模式与目标靶模式之间切换调试，寻找最大的计数率。

8. 在耦合扫描模式下把目标靶调回 10.2°。

9. 同时按 <TARGET>、<COUPLED> 和 <β limits> 键保存目标靶和探测器的位置，作为测量系统的零点位置。

记录衍射谱

10. 启动 X 射线仪软件，检查并确认仪器连接正确，按 <F4> 键清除数据。

11. 角度步长测量时间设定为 Δt =10s，角度步宽为 $\Delta\beta$=0.1°

12. 按 <COUPLED> 键激活 2θ 耦合扫描模式，目标靶的角度下限设定为 4°，角度上限设定为 34°。

13. 按 <SCAN> 键开始测量，数据输入计算机。

（二）单晶氯化钠的布拉格反射

1. 按 <ZERO> 键，使目标靶和探测器回到零位。

2. 移去氟化锂晶体，放上氯化钠晶体。

确定测量系统的零位

3. 在耦合扫描模式下，用 ADJUST 旋钮把目标靶角度调到约 7.2°。

4. 按 HV on/off 接通高压。

5. 目标靶位置保持不变，在探测器扫描模式下手动寻找 K_α 谱线一级最大反射所对应的最大计数率。

6. 使探测器在最大计数率的位置保持不变，在目标靶模式下手动寻找最大计数率。

7. 在探测器扫描模式与目标靶模式之间切换调试，寻找最大的计数率。

8. 在耦合扫描模式下把目标靶调回 7.2°（即使进入负的范围）。

9. 同时按 <TARGET>、<COUPLED> 和 <β limits> 键保存目标靶和探测器的位置，作为测量系统的零点位置。

10. 启动 X 射线仪软件，检查并确认仪器连接正确，按 F4 键清除数据。

11. 按 <COUPLED> 键激活 2θ 耦合扫描模式，目标靶的角度下限设定为 4°，角度上限设定为 24°。

12. 按 <SCAN> 键开始测量，数据输入计算机。

13. 测量完毕后，按 <F2> 键保存测量列数据。

数据处理

1. 在曲线图上按鼠标右键进入软件的计算功能，选择命令 "Calculate Peak Center" 计算衍射谱。

2. 用鼠标左键标明每一个峰的 "full width"，并且在表 74-2 中记录掠射角的值。

3. 对于每一个掠射角 θ，计算出 $\sin\theta$ 值，并作 λ-$\sin\theta$ 曲线图。曲线图应该是通过原点的一条直线；根据布拉格公式，直线的斜率等于晶格常数 a_0。

氟化锂晶格常数：a_0=402.9pm

离子半径：Li^+ 为 68pm；F^- 为 133pm

氯化钠晶格常数的文选值：a_0=564.02pm

离子半径：Na^+ 为 98pm；Cl^- 为 181pm

表　74-2

θ	$\sin\theta$	标识谱线	n	$n\lambda$

实验七十五 杜安 – 亨托关系以及普朗克常量的确定

实验目的

1. 确定韧致辐射连续谱的波长 λ_{min}。
2. 验证杜安 - 亨托关系。
3. 确定普朗克常量。

实验原理

X 射线韧致辐射连续谱具有一个明显特征，即存在一个波长限 λ_{min}。随着射线管高压的增加，λ_{min} 变小。1915 年，美国物理学家 William Duane 和 Franklin L. Hunt 发现了波长限 λ_{min} 与射线管电压 U 的反比关系，即

$$\lambda_{min} \propto \frac{1}{U}$$

杜安 - 亨托关系可以通过几个基本量子力学条件加以充分阐明。因为电磁辐射的波长 λ 与频率 ν 满足关系式：

$$\lambda = \frac{c}{\nu}$$

其中 c 为真空中的光速，$c = 2.9979 \times 10^8 \mathrm{m \cdot s^{-1}}$。最小波长 λ_{min} 对应于一个最大频率 ν_{max}，相应的 X 射线辐射能 E_{max} 为

$$E_{max} = h\nu_{max}$$

h 为普朗克常量。

阳极钼所辐射出的能量 E_{max} 来自阴极电子对钼的轰击，加速电子的动能为

$$E = eU$$

基本电量 $e = 1.602 \times 10^{-19} \mathrm{A \cdot s}$。因此有

$$h\nu_{max} = eU \quad 或 \quad \nu_{max} = \frac{e}{h}U$$

相应有

$$\lambda_{min} = \frac{hc}{e}\frac{1}{U}$$

λ_{min} 与射线管电压 U 成反比，于杜安 - 亨托定律一致。

令 $A = \frac{hc}{e}$ 为比例系数，在已知真空中光速 c 以及基本电量 e 的条件下，可以根据 A 确定普朗克常量 h。

实验操作

1. 检查仪器各部分的安装和连接是否正确。

2. 用 9 针 V.24 电缆连接 "RS-232" 至计算机串口（通常为 COM1 或 COM2 ）。

3. 启动程序 "x-ray apparatus"，按 <F4> 键删除已存在的测量数据。

4. 设置：X 射线管高压为 $U=22.0$kV，辐射电流为 $I=1.00$mA。每角度间隔的测量时间为 $\Delta t=30$s，角度步宽 $\Delta\beta=0.1°$。

5. 按下 <COUPLED> 键，进入计数器与目标靶的耦合模式。

6. 设置目标靶的角位置下限值为 5.2°，上限值为 6.2°。

7. 按下 <SCAN> 键开始测量，数据自动传输至计算机。

8. 重复步骤 4 至 7，依次设置 X 射线管高压 U 为 24kV、26kV、28kV、30kV、32kV、34kV、35kV 测量数据列。

9. 显示与波长的关系，按 <F5> 键打开 "Settings" 对话框，输入 NaCl 的晶面间隔。

10. 测量完毕，按 <F2> 键保存测量数据。

11. 在计算机显示图表上击鼠标右键，进入 X 射线仪器软件的 "Evaluation" 功能，"Best-fit Straight Line"。

12. 击鼠标左键，标注直线拟合的范围以确定波长下限 λ_{min}。

13. 按 <F2> 键保存。

14. 为进一步计算实验中所确定的波长下限 λ_{min}，按选项卡 "Planck"。

15. 在图表上标定测量点，击鼠标右键通过原点作这些测量值的直线拟合 $\lambda_{min}=f(I/U)$，在计算窗口的左下角读出斜率 A 的值。

数据处理

确定 A 值：把 A 值代入式：

$$A=\frac{hc}{e}，\text{其中 } c=2.998\times10^{8}\text{m}\cdot\text{s}^{-1}，\ e=1.602\times10^{-19}\text{A}\cdot\text{s}$$

计算 h 值。

实验七十六　电路混沌实验

实验目的

观测振动周期发生的分岔及混沌现象；测量非线性单元电路的电流 - 电压特性；了解非线

性电路混沌现象的本质；学会自己制作和测量一个使用带铁磁材料介质的电感器以及测量非线性器件伏安特性的方法。

实验仪器

实验装置如图 76-1 所示。非线性电路混沌实验仪由四位半电压表（量程 0~20V，分辨率 1mV）、−15V ~ 0 ~ +15V 稳压电源和非线性电路混沌实验电路板三部分组成。此外，还有观察倍周期分岔和混沌现象用双踪示波器。

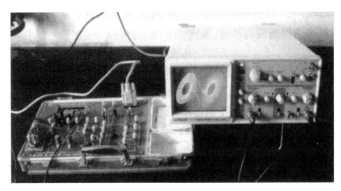

图 76-1　实验装置

实验原理

非线性是自然世界中普遍存在的现象。正是非线性才构成了变化莫测的世界。混沌是非线性系统中存在的一种普遍现象，它也是非线性系统所特有的一种复杂状态。混沌研究最先起源于 1963 年洛伦兹（E.Lorenz）研究天气预报时用到的三个动力学方程，后来又从数学和实验上得到证实。无论是复杂系统，如气象系统、太阳系，还是简单系统，如钟摆、滴水龙头等，皆因存在着内在随机性而出现类似无规、但实际是非周期有序运动，即混沌现象。由于电学量（如电压、电流）易于观察和显示，因此非线性电路逐渐成为研究混沌及混沌同步应用的重要途径，其中最典型的电路是美国加州大学伯克利分校的蔡少棠教授 1985 年提出的著名的蔡氏电路（Chua's Circuit）。就实验而言，可用示波器观察到电路混沌产生的全过程，并能得到双涡卷混沌吸引子。

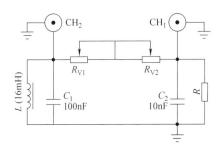

图 76-2　实验电路图

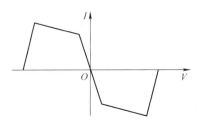

图 76-3　有源非线性负电阻 I-V 曲线

　　这个实验的电路如图 76-2 所示，其中 R 是有源非线性负电阻，其 I-V 曲线如图 76-3 所示，C_1、C_2 是电容，L 是电感，可变电导 $G=1/$（$R_{v1}+R_{v2}$）。实验中通过改变电导值来达到改变参数的目的。

1. 非线性元件

　　非线性元件的实现方法有许多种，这里使用的是 Kennedy 于 1993 年提出的方法：使用两个运算放大器和六个电阻来实现，其电路图如图 76-4 所示。它的特性曲线示意如图 76-3 所示。由于我们研究的只是元件的外部效应，即其两端电压及流过其电流的关系，因此，在允许的范围内，我们完全可以把它看成一个黑匣子。我们也可以利用电流或电压反相位等技术来实现负阻特性，这里就不一一讨论了。负阻的实现是为了产生振荡。非线性的目的是为了产生混沌等一系列非线性的现象。其实，很难说哪一个元件是绝对线性的，我们这里特意去做一个非线性的元件只是想让非线性的现象更加明显。

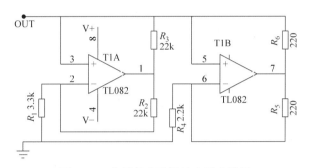

图 76-4　非线性电路混沌实验电路图

2. 其他元件

　　由于只是做定性的讨论，实验的元件要求并不高。一般来说，电容与电感的允许误差为 10%。由于实验是靠调节电导 G 来观测的，而实验中的非线性现象对电导的变化很敏感，因此，建议在保证调节范围的前提下提高可调的精度，以便观测到最佳的曲线。可使用配对的、无电感性的电阻器，适当的条件下可将电阻器并联来提高调节的精度，达到缓慢调节的目的。

3. 示波器

　　示波器用来观测非线性现象的波形。还可以通过示波器进行 CH_1、CH_2 处波形的合成，以更加明显地观察到非线性的各种现象，并对此有一个更感性的认识。

实验内容

1. 单周期吸引子

　　将示波器调至 CH_1-CH_2 波形合成档，调节可变电阻器的阻值，我们可以从示波器上观察到一系列现象。最初仪器刚打开时，电路中有一个短暂的稳态响应现象。这个稳态响应被称作系统的吸引子（attractor）。这意味着系统的响应部分虽然初始条件各异，但仍会变化到一个稳态。在本实验中对于初始电路中的微小正负扰动，各对应于一个正负的稳态。当电导继续平滑增大，到达某一值时，我们发现响应部分的电压和电流开始周期性地回到同一个值，产生了振荡。这时，我们就说观察到了一个单周期吸引子（penod-one attractor），如图 76-5 所示。它的频率取决于电感与非线性电阻组成的回路的特性。

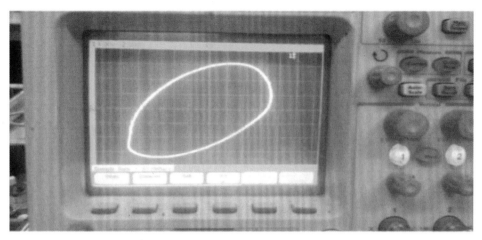

图 76-5　单周期吸引子

2. 混沌吸引

再增加电导时，我们就观察到了一系列非线性的现象，先是电路中产生了一个不连续的变化：电流与电压的振荡周期变成了原来的 2 倍，也称分岔（bifurcation）。继续增加电导，我们还会发现二周期倍增到四周期，四周期倍增到八周期。如果精度足够，当我们连续地、越来越小地调节时就会发现一系列永无止境的周期倍增，最终在有限的范围内会成为无穷周期的循环，从而显示出混沌吸引子（chaotic attractor）的性质，如图 76-6 所示。

需要注意的是，对应于前面所述的不同的初始稳态，调节电导会导致两个不同的但却是确定的混沌吸引子，这两个混沌吸引子是关于零电位对称的。

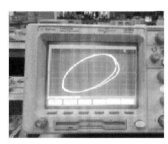

图 76-6　二周期、四周期和混沌吸引

3. 双漩涡混沌吸引子

实验中，我们能很容易地观察到倍周期和四周期现象。再有一点变化，就会导致一个单漩涡状的混沌吸引子，较明显的是三周期窗口。观察到这些窗口表明我们得到的是混沌的解，而不是噪声。在调节的最后，我们看到吸引子突然充满了原本两个混沌吸引子所占据的空间，形成了双漩涡混沌吸引子（double scroll chaotic attractor），如图 76-7 所示。由于示波器上的每一点对应着电路中的每一个状态，环形曲线在两个向外涡旋的吸引子之间不断填充与跳跃，整体上的稳定性和局域上的不稳定性同时存在，并且对初始条件十分敏感。

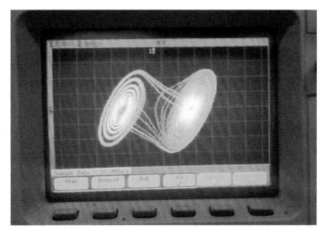

图 76-7　双螺旋混沌吸引子

注意事项

在实验中，尤其需要注意的是，由于示波器的扫描频率不符合的原因，当分别观察每个示波器输入端的波形时，可能无法观察到正确的现象。这样，就需要仔细分析。可以通过使用示波器不同的扫描频率档来观察现象，以期得到最佳的图像。

思考题

与直接观测波形分岔相比，用李萨如图观测周期分岔有何优点？

参 考 文 献

[1] 路峻岭.物理演示实验教程 [M].北京：清华大学出版社，2005.

[2] 陆廷济，胡德敬，陈铭南，等.物理实验教程 [M].上海：同济大学出版社，2000.

[3] 丁慎训，张连芳.物理实验教程 [M].北京：清华大学出版社，2002.

[4] 吴泳华，霍剑青，熊永红.大学物理实验：第一册 [M].北京：高等教育出版社，2001.

[5] 母国光，战元龄.光学 [M].北京：高等教育出版社，2009.

[6] GREAT I S，PHILLIPS W R.电磁学 [M].刘岐元，王鸣阳，译.北京：人民教育出版社，1982.

[7] 田民波.电子显示 [M].北京：清华大学出版社，2001.

[8] BOME M，WOLF E.光学原理 [M].杨蒇荪，译.北京：科学出版社，1978.

[9] 郑伟佳，李俊科，杨丽娜，等.弦振动实验的改进 [J].物理实验.2011,31（2）：43-46.

[10] 毛爱华，武娥.大学物理实验 [M].北京：机械工业出版社，2015.

[11] 程守洙，江之永.普通物理学 [M].北京：高等教育出版社，2006.

[12] 于建勇.物理实验教程 [M].北京：科学出版社，2015.

[13] 张广斌，李香莲.大学物理实验——基础篇 [M].北京：机械工业出版社，2018.

[14] 浦昭邦.光电测试技术 [M].北京：机械工业出版社，2005.

[15] 黄耀清，王媛，杨文明，等.测量场致发光片色度的实验设计 [J].物理实验，2005,25（1）：9-12.

[16] 王瑗，黄耀清，杨文明，等.基于发光二极管和导光板的彩色光源色度的测量 [J].大学物理，2005
     （09）：53-56+59.

[17] 陶家友，廖高华，梅孝安.光调制法测量光速的研究 [J].大学物理实验，2009,22（1）：47-51.

[18] 孙丽媛，祖新慧.大学物理实验 [M].北京：清华大学出版社，2014.

[19] 肖怡安.反射式光纤位移传感器应用设计实验 [J].物理实验，2011,31（10）：5-8.